建筑师的乡村设计

乡村疗愈文旅建筑

何崴 陈林 编

化学工业出版社

·北京·

内容简介

本书分为两个主要部分：第一部分是设计引言，介绍了乡村疗愈旅游的驱动力、促进乡村疗愈旅游发展的条件、现阶段主要的乡村疗愈文旅建筑类型、乡村疗愈文旅建筑的品牌打造与战略定位，以及乡村疗愈文旅建筑对乡村发展的意义；第二部分是近年来一些较为典型的案例分析，介绍了乡村疗愈文旅建筑的建设背景、空间组织、材料运用，包含实景照片、设计图纸、文字描述等，在分析设计手法的同时，也剖析了建设过程中遇到的难点及解决措施。

本书适合建筑设计师、建筑相关专业院校师生，以及民宿酒店、民俗博物馆、康养度假中心的建设者阅读。

图书在版编目（CIP）数据

建筑师的乡村设计 . 乡村疗愈文旅建筑 / 何崴，陈林编 . —北京：化学工业出版社，2023.8
ISBN 978-7-122-43474-6

Ⅰ.①建… Ⅱ.①何… ②陈… Ⅲ.①文化 - 乡村旅游 - 建筑设计 Ⅳ.① TU241.4 ② TU-856

中国国家版本馆 CIP 数据核字（2023）第 084422 号

责任编辑：毕小山　　　　　　　　　　装帧设计：米良子
责任校对：王鹏飞

出版发行：化学工业出版社 (北京市东城区青年湖南街 13 号　邮政编码 100011)
印　　装：北京瑞禾彩色印刷有限公司
787mm×1092mm　1/16　印张 15　字数 340 千字　　2023 年 8 月北京第 1 版第 1 次印刷

购书咨询：010-64518888　　　　　　　售后服务：010-64518899
网　　址：http://www.cip.com.cn
凡购买本书，如有缺损质量问题，本社销售中心负责调换。

定　　价：98.00 元　　　　　　　　　　　　　　版权所有　违者必究

前　言

何　崴
中央美术学院教授
建筑学院建筑系主任

　　前几天听同济大学建筑学院李翔宁院长在一次致辞中提及，几年前他策展威尼斯建筑双年展中国馆时，最初拟定的主题是"一个乡村的奥德赛"。他说，使用"奥德赛"这个名字，一方面因为中国的乡村建设和《奥德赛》一样是一种史诗性的；另一方面，和《奥德赛》一样，中国的乡村建设也是一次回家之旅。的确，中国是一个农业大国，农耕文明对中国人来说意义非凡，无论是否在城市中出生长大，大部分人都拥有一个位于农村的故乡。"乡"这个字不仅意味着农业的生产之地，也意味着故土和乐土。

中国人一直都有"解甲归田，隐居乡里"的思想，特别是上了年纪的人，往往都会寻一处安宁之乡，稍微远离闹市，但最好不与世隔绝，静享之余又能随时入世。到了21世纪的第二个十年，这种传统似乎有了新的发展：喜好乡村的人不再限于老人家和曾经的村娃，大部分城市人，无论是否曾经在乡间长大，都愿意在闲暇时到村里去放空自我，得一时之安宁。这种"下乡"的诉求当然引发了相应的供给。党的十八大之后，伴随着国家的一系列乡村振兴政策，乡村文旅建筑方兴未艾，逐渐成为乡村建筑中非常重要的一部分。

　　不同于20世纪80年代之后的乡村文旅建筑，近年来的乡村文旅建筑有了新的特征。首先，规模小了，不再追求大尺度、大范围的建设，更不追求80年代常见的宏大叙事、气势磅礴等风格——当代的乡村文旅建筑更务实了。其次，设计精致了，随着生活水平的提高，人们对服务的诉求也逐渐从粗放转为精细，从有无问题转向好坏问题。伴随诉求的提升，设计和建设必然会有相应改变。最后，也是最为重要的，是注重建筑对身心的双重影响。建筑不再仅仅是满足人们最低生理需要的房子，更是一种身心的庇护所。

　　本书正是发现了上述的变化，将目光聚焦在乡村文旅建筑的疗愈属性上，集中讨论乡村文旅建筑对当代城市人的意义。众所周知，当代城市中的一些人是存在焦虑情绪的，这种焦虑也许来自收入，也许来自家庭，也许来自身体……人们在红尘中拼搏、奋斗，但也希望有一处安静的港湾，可以稍做休息，等待再次起航。或许，乡村文旅建筑可以成为那处港湾。

当然，要想成为港湾并不是件非常简单的事情。中国乡村中的一些烂尾建筑、丑陋建筑、乡村风貌破坏性建筑都说明，要成为一个好的、能起到疗愈作用的文旅建筑需要注意很多事情。在我看来，一个好的疗愈型乡村文旅建筑，首先要具备有特点的选址。这个选址也许是惊奇的，也许是险峻的，也许是平静的，但无论如何它应该能感动人，让人愿意置身其中，停留一段时间。其次就是对建筑主题、定位的把握，要很清楚地知道它给谁用，怎么用，等等。第三是对空间的组织，建筑风格、形式，及建设质量等内容的把握。最后是重新回到项目的起点，将完成后的建筑公共化，让建筑进入大众的视野，将使用者拉入空间，完成建筑服务于人的使命。

很幸运，我们可以身处一个回乡的时代，建筑师们也用自己的特长创造了大量的优秀疗愈型文旅建筑作品。本书正是对这些作品的一次梳理，我很高兴有机会参与此书的编写工作。此外，要非常感谢为此书提供案例的各位建筑师及编写组的各位老师，没有你们的付出这本书无法顺利呈现。最后，希望各位读者能喜欢书中的内容，并通过此书收集的案例了解中国当代乡村疗愈文旅建筑的现状和发展趋势。当然，如果能将此书作为旅行度假的索引，则更是对我们工作的褒奖。

让我们在回乡的路上见。

何崴

2023 年 2 月

陈 林
尌林建筑设计事务所创始人
主创建筑师

　　我是一个"85后"设计师，从小生活在湖南的小乡村，记忆中童年的生活非常快乐。从中国美术学院硕士毕业之后，我在大院工作了一年就出来创业了。创业后也是毅然决然地扎根乡村做设计，这个决定当然离不开我对乡村的美好记忆。自然总能激发我的灵感，于是自然而然地，我在乡村中能够更敏锐地捕捉，从而设计出更细腻的建筑作品。我想，这种内化的关联性是非常根深蒂固的。对于我来说，回到乡村就是一种很好的疗愈。

　　"尌"和"林"这两个字其实都代表木，"尌林"也有向往自然、生长归隐的寓意。自古以来，木头就是一种中国人最擅长也最频繁使用的建筑材料，在中国传统的古村落中，有80%的房子都是木结构建筑。木是温润柔和的，它有一种天然的温度感，触感不冰冷、色感温和，再加上性质柔韧、可塑性强、取材方便、运输轻便等优点，在乡村建筑的设计中也被广泛运用。我们在设计乡村建筑时也会大量运用木材，可用作结构也可用作面层，以及室内的实木家具。木材自带的时间性，即它的颜色和质感会随着时间推移产生变化的特性，连带着空间氛围也随时间沉淀。

如今的乡村房屋空置率非常高，很多村子已经荒无人烟，村里的年轻人大多移居城镇。那么乡村建筑的目标使用者是谁？我们希望通过建筑打造怎样的生活方式？这些问题是我们在设计乡村建筑时会思考的。乡村建筑需要满足长期生活在城市的人的生活方式需求，这样才能吸引人来到乡村。所以我们希望通过设计结合好的运营，能够让习惯于城市生活的人来体验和消费，让乡村原住民回流，在乡村就能找到满足需求的工作，就能赚到钱，这是最现实的问题。这个时候，设计师所起的作用就慢慢体现出来，所有的生活方式都是和审美、体验、格调、文化、记忆相关的，满足了这些内容才能有美好的、令人向往的状态。结合乡村当地的文化和材料，用对新的生活方式的理解来做乡村建筑设计就变得尤为重要。用长期生长发展循环的眼光去设计乡村建筑，从不同维度上都会是合理合适的。

我们经常会思考如何适度地、克制地做设计，能做到这一点很难。好的乡村建筑一定会是可以跟当地村民、外来人群都能产生共鸣和互动的。适合城市的庞大异型建筑若是被乡村建设认作是常态和学习对象，那中国的乡村可能就都毁了，完全失去了文化传承，完全的天外来物。我更看重乡村建筑给人以希望，带给乡村正能量。这种能量会潜移默化地影响乡村人的认知，在带入新的生活方式的同时保留当地文化传统建筑韵味。

疗愈人心说起来很简单，但真正要做到是很难的。本书收录了一些很好的乡村建筑作品，这些作品能给不同的人以心灵的疗愈。希望这些好的作品能够给更多学习建筑学、进入乡村设计领域的同行们以启发，同时也希望设计师都能带着正向的价值观去看待乡村建筑设计，让更多的乡村建筑能够疗愈人心。

陈林

2023 年 3 月

目录

设计引言

乡村疗愈旅游概述

　　乡村疗愈旅游主要指在乡村旅游期间通过欣赏美景、品尝美食、了解地方文化、参与当地特色体验活动等方式，达到放松和疗愈身心目的的旅行。

　　我国的乡村旅游行业开始于 20 世纪 80 年代的农家乐。这种城里人到郊区农村赏农家景色、吃农家饭菜、参与简单农村劳动、住农家屋的"农家乐"模式乡村旅游，是我国乡村旅游最早，也是发展最广泛的一种形式。随着乡村旅游的方式越来越多样化，农家乐开始慢慢向观光农业发展。以成片的花海、果园、茶园、农田为依托，园区除生产功能外，还为游客提供赏花、摘果、品茶、农耕体验等活动。

　　随着城市居民对休闲旅游需求的不断增加，特色古镇和民俗村开始成为我国第二代乡村旅游的重要载体。20 世纪 90 年代起，各省份纷纷开始对古村落进行修复改造，打造具有地域特色的民俗村，让来自不同地区的游客对特定地区的传统建筑、文化、美食、习俗都有了更深入的了解。但是与此同时也产生了古镇盲目扩张、同质化严重、缺乏特色、商业化严重等问题。这些问题的产生，促使乡村旅游从量的扩张逐渐发展为对品质的追求。

　　自 2006 年起，"洋家乐"在莫干山悄然兴起。短短的几年时间，在"洋家乐"的带动下，许多精致、高品位的民宿在全国各地如雨后春笋般纷纷涌现。这类民宿的特点是有情怀、设计考究、价格昂贵，往往可以和五星级酒店媲美。建筑式样和装潢上追求自然环保，但内部设施及配套空间又极具现代化特征，能为住客提供独一无二的个性化、高质量服务，甚至发展成为当地乡村旅游的品牌和名片。如今的莫干山，不仅成为优质民宿的集聚区，更是中国乡村旅游的新亮点。

　　随着乡村振兴战略的不断深化，城乡统筹节奏快速推进，以及农村土地政策的不断改革，乡村旅游迎来了新的发展契机，并逐渐进入乡村旅居和疗愈康养的新时代。乡村旅居，为城市居民营造了一种新的生活方式，有别于都市快节奏的生活氛围，打造了一种悠闲、宁静、生态、传统的生活社区。同时，依托当地独特的生态环境和人文底蕴，创建以疗愈养生为特色的康养社区。通过温泉洗浴、特色食疗、健身运动等项目，达到强身健体、疗愈心灵的目的。

▲ **室内温泉泡池空间**
◎ 森之谷温泉中心 / B.L.U.E. 建筑设计事务所（设计）/ 夏至（摄影）

▲ **静谧的度假环境**
◎ 融创·莫干溪谷一亩田度假社区 / gad、line+ 建筑事务所（设计）/ 孙磊（摄影）

乡村疗愈旅游的驱动力

2.1 人口老龄化压力下乡村养老模式的兴起

随着人口老龄化进程的不断加快，养老问题已经成为当下社会的热点议题之一。很多生活在城市的老人虽然可以享受到便捷的交通和发达的医疗技术所带来的福利，但与此同时也要面对城市居住空间紧张、自然环境资源不足、很多高层住宅没有电梯等带来的不便。随着农村各项基础设施的建设日益完善，越来越多的城市老人选择在退休之后回到乡村建房养老，他们的儿女也可以在闲暇时间去乡村探望父母，既满足了探视照看的需求，也在一定程度上推动了乡村建设以及乡村旅游业的发展。

乡村养老与城市养老相比，在自然环境上存在着得天独厚的优势。茶余饭后，老人可以在家附近散步、聊天，在自然环境中放松身心，也可以和周围一些年龄相仿的老伙伴一起进行集体活动，使身体和大脑得到双重锻炼。除此之外，乡村家家户户都有自己的小菜园，老人闲来无事可以进行简单的农作物耕种，既能锻炼身体，也可以在一定程度上实现自给自足，吃上绿色安全的食品。

2.2 人们对健康领域的关注

乡村具有优于城市的生态环境、张弛有度的生活节奏以及自然和谐的环境氛围，因此乡村本身就带有一定程度的疗愈功能，这也为乡村疗愈旅游的发展奠定了基础。长期生活在拥挤城市之中的人们，在生活、学习、工作、社交等多重压力下，各种"城市病"频发。2019年底，突如其来的新冠疫情，给很多人的健康带来了严重伤害。人们对于健康产业的关注也越来越多，健康消费理念日益增强。在旅游消费领域，也更加注重环境价值和健康主题。乡村旅游原本就具有环境优势和生态优势，如何让乡村更好地适应人们消费理念的变化，将健康主题融入乡村旅游业开发，或以健康理念为指导对原有旅游路线及特色进行调整和优化，则是业界需要面对的一个新课题。

2.3 城市周边短途乡村旅游的发展

近年来，乡村旅游发展不断提速，乡村旅游依然是城市周边最热门的旅游主题。由于法定节假日的时间有限，去城市周边的乡村可谓是省时、省力、省钱的选择。通常一个周末就能完成一次短途乡村行,不会在路途上耗费太多时间,而且也不用过多准备路途上所需要的吃喝及生活物品。此外,乡村的食宿成本也低于大城市旅游区。

2.4 乡村产业升级的驱动

乡村旅游从产品业态上看,大致可以分为四个阶段:第一阶段是农家乐;第二阶段是带有当地特色民俗体验性质的度假村;第三阶段是精品民宿;第四阶段是乡村旅居和田园疗愈康养。随着乡村振兴进程的加快,乡村旅游业也开始向第四阶段迈进,根据当地生态条件和气候条件,结合地方资源如温泉资源、雪地资源、地域文化资源等形成具有特色的乡村疗愈社区,通过发展生态体验、森林养生、避暑养生、温泉养生等多种业态,打造乡村疗愈产业体系。乡村疗愈文旅的发展不同于普通的乡村旅游,它更突出旅行带来的疗愈功效,调节旅游者的身心健康。例如本书中收录的森之谷温泉中心,位于承德市区以北,周边是原始的森林环境,在远古时期发生了规模巨大的火山喷发,所以现在拥有天然优越的温泉资源。温泉过去就有,但大部分是服务于当地人,随着旅游产业的升级,为了给城市生活中忙碌的快节奏人群提供一处可以完全放松的场所,B.L.U.E. 建筑设计事务所结合温泉和植物,为游人们创造了一种和当地现存的温泉度假场所不一样的温泉治愈体验。

▲ 室内丰富的植物景观
© 森之谷温泉中心 / B.L.U.E. 建筑设计事务所(设计)/ 夏至(摄影)

▲项目坐落在山水之间，自然环境优越

© 森之谷温泉中心 / B.L.U.E. 建筑设计事务所（设计）/ 夏至（摄影）

▲ 室内温泉泡池空间，可透过景观窗欣赏外部景色

© 森之谷温泉中心 / B.L.U.E. 建筑设计事务所（设计）/ 夏至（摄影）

促进乡村疗愈旅游发展的条件

发展乡村旅游业是振兴乡村的重要手段之一，但并非所有的村庄都适合旅游。除了具备独特的自然景观等先天条件之外，后天的建设，包括各类配套基础设施的完善也是必不可少的。

3.1 当地独特的自然环境

游客外出旅游最主要的目的是要欣赏美好的景色，无论是风景秀丽的自然山水，还是独特的地质地貌景观，都能让游人感觉到赏心悦目，使身体和心灵在自然环境中得到放松与升华，达到疗愈的目的。

例如人们所熟知的"桂林山水甲天下"，这句话则是对桂林旅游资源的概括。桂林山水包括山、水、喀斯特岩洞、石刻等，其山水风光举世闻名。这里的山，平地拔起，千姿百态；漓江的水，蜿蜒曲折，明洁如镜；山多有洞，洞幽景奇。于是形成了"山清、水秀、洞奇、石美"的桂林山水"四绝"。再如东北地区独特的冰雪资源，一进入冬季，就迎来最热闹的冰雪狂欢季。这里有如童话般惊艳的雪乡，有被誉为四大奇观之一的雾凇，有哈尔滨浪漫的冰雕展和冰雪大世界，有长白山冰火两重天的温泉。以位于我国最北部的村庄漠河为例，这里是我国冬季气温最低的地方，也是我国唯一能看到"北极光"的地方。漠河北极村，因此显得卓尔不群，令人向往。再如位于黑龙江省哈尔滨市尚志市亚布力镇的亚布力滑雪旅游度假区，由长白山脉张广才岭的三座山峰组成，凭借其得天独厚的冰雪资源，不仅成为中国优秀的滑雪场，同时也是我国南极考察训练基地。

3.2 独特的人文环境

乡村所在地独特的人文环境也是推动当地乡村文旅产业的重要因素。以贵州省为例，贵州省是我国少数民族分布较多的省份，在黔贵大地上，文化之花处处点缀，形成多民族"文化千岛"。其中，西江千户苗寨位于贵州省黔东南苗族侗族自治州雷山县西江镇南贵村。这里的人们在半山腰建造独具特色的木结构吊脚楼，千余户吊脚楼随着地形而起伏变化，十分壮观。西江千户苗寨的主要景点有西江苗族博物馆、鼓藏头家、活路头家、酿酒坊、刺绣坊、蜡染坊、银饰坊、观景台、嘎歌古道、田园观光区等。西江千户苗寨是一座露天博物馆，展览着一部苗族发展史诗，成为观赏和研究苗族传统文化的大看台。

3.3 交通通达性

对于普通游人而言，无论旅行目的地的自然及人文景观有多么令人心驰神往，但如果不能畅通无阻地进入其中，可能都会放弃这条旅行路线。交通便利与否将直接决定游客的旅游流向，便利的交通是乡村旅游成功经营的重要因素，是乡村旅游设施的重要一环。以民宿聚集地莫干山为例，其地处"长三角"中心区域，交通便利，杭州第二绕城高速公路、杭宁高铁、104国道、304省道等穿境而过，距离"长三角"周边的上海、南京、杭州、苏州等核心城市车程在两小时内。通达、便捷的交通环境成为莫干山旅游业发展的助推器，为想要体验乡村美景、美食的短途旅行者提供了一个好去处。

3.4 住宿、餐饮条件的改善

乡村旅游配套设施包括住宿设施、餐饮设施、基本接待设施等，其中住宿和餐饮设施作为乡村旅游品质的重要载体，对乡村旅游行业的发展尤为重要。近几年，民宿行业异军突起，各类精品民宿的出现，不仅为远道而来的城市游客提供了舒适的居住环境，同时也为乡村带来可观的经济收益，并且解决了一部分农村劳动力的就业问题。与传统的旅店不同，民宿具备经济与文化等多重功能和价值，可以为游客提供多元化全方位的旅游住宿体验。伴随着民宿而产生的，还有各类乡村茶室、酒吧、咖啡厅、餐厅等餐饮空间。民以食为天，这些餐饮空间不仅可以让外地游客在此品尝到本地特色的精品菜肴，也能为城市居民提供符合他们饮食习惯的消费场所，满足部分游客每日喝咖啡或者品茶的需求。

3.5 市政公用设施的改善

除了上文提到的住宿及餐饮配套设施之外，乡村内部的交通设施、环卫设施、信息服务设施等公用配套设施的完善，也对乡村旅游业的发展至关重要。对交通设施而言，主要集中在村庄内部道路以及停车场的修建，保证村庄内部机动车道和人行道的通达性与连接性，修建停车场以方便自驾游的车辆停放。环卫设施的改善则包括村落内部的污水垃圾处理、旅游厕所、供水、供电等，尤其是厕所与垃圾桶的设置。信息服务设施包括导览标识系统、通信设施等，信息服务设施是游客及时了解乡村旅游信息的重要方式，涉及旅游过程的自主性和便捷性。

3.6 政府的政策扶持

乡村旅游业的发展是拉动地区经济发展、推动乡村振兴的重要手段之一。各级政府也已经意识到了旅游产业的重要作用，并且在政策上予以支持，从实际情况出发，制定帮扶政策。在法律、资金、税收等方面予以支持，并且进行必要的监管。努力完善安全保障与救助应急管理系统，建立吃、住、行、游、购、娱等环节全覆盖的，集旅游资讯、风险警示、旅游投诉、执法监管、应急救援、旅游保险等于一体的旅游风险保障体系。同时也充分尊重了市场规律，适当放手给企业以自主经营权，让市场来决定行业未来的发展方向。

2022 年 2 月 18 日，国家发改委等 14 个部门印发《关于促进服务业领域困难行业恢复发展的若干政策》（以下简称《政策》）的通知，其中明确了旅游业发展的纾困扶持措施，包括旅行社暂退旅游服务质量保证金扶持政策、加强银企合作等。随后，各地方政府也相应出台了一系列保障措施，助力旅游业走出困境。例如以旅游业作为支柱产业的云南省，先后制定出台了一系列政策文件，对于稳住旅游经济基本盘起到了非常重要的保障作用。除此之外，云南省还开通了大理至西双版纳旅游专列。该旅游专列全程 796 公里，途经昆明、普洱等地，采取夕发朝至、隔日开行的形式，全列卧铺，旅客在列车上休息一晚便可到达目的地。旅客可乘坐火车从"避暑胜地"大理到达拥有"热带风情"的西双版纳，沿途还可以领略七彩云南的秀丽风光。这条全新的旅游专列的开通不仅使大理和西双版纳的旅游资源互通、互补，极大地满足了两地旅客出行的要求，还拉动了双方旅游产品与线路合作，进一步巩固了云南旅游行业在省内经济发展中的支柱地位。

4

现阶段主要的乡村疗愈文旅建筑类型

乡村疗愈文旅建筑大致可以分为三类，第一类是为游客提供居住空间和餐饮空间的民宿、酒店、餐厅等商业型疗愈文旅建筑；第二类是能体现当地特色的博物馆、美术馆、村民中心等文化型疗愈文旅建筑；第三类是带有医养等专业性质的康养型疗愈文旅建筑。

4.1 商业型疗愈文旅建筑：民宿酒店／餐饮空间

商业型疗愈文旅建筑是乡村中最常见的建筑类型。人们来到乡村首先要解决的就是饮食和住宿问题。有了舒适的居住环境，能吃到丰富、美味、健康的菜肴，人们才能有更好的精力去欣赏周边的自然景观，从而达到回归乡村、疗愈身心的目的。

4.1.1 选址

民宿酒店及餐饮空间的选址不同于常见的村民自建住宅。区位选址是商业建筑规划中的重要环节，优质的自然景观是做好这类商业型建筑的必要条件。山脉、湖泊、平原、河流、海滩等乡村自然景观既能为民宿酒店提供漂亮的背景，还能为客人参加一系列室外活动提供便利。对那些来自城市的游客来说，自然景观能够提供一处暂时转换场景和生活方式的场所，居住在民宿酒店之中有助于游客放松身心和恢复活力。例如富阳·阳陂湖湿地生态民宿酒店，位于阳陂湖湿地公园内部。湿地公园中央有大小两座岛，呈长条状，中间以木拱桥连接，周边皆为大面积水域和植被，特别适合布置分散式小客房。再如位于云南大理古城的白平衡设计师度假酒店，苍山之下，毗邻洱海，绝美山水景观相互环绕，光是自然环境便令人心驰神往。

▲ 位于阳陂湖湿地公园里的生态建筑
© 富阳·阳陂湖湿地生态民宿酒店／尌林建筑设计事务所（设计）／赵奕龙（摄影）

▲ 建筑顶层的休闲空间及远处的山景
© 白平衡设计师度假酒店 / 杭州时上建筑空间设计事务所（设计）/ 叶松（摄影）

4.1.2 设计与建造

　　建筑的风格和设计不仅影响使用体验，而且好的建筑本身就是难得的旅游资源。对于乡村建筑而言，无论是改造还是新建，每一栋建筑都要有自己的风格。新完成的建筑既要遵循当地建筑主体风格，又要在此基础上加入新的设计元素，凸显个性化的同时避免出现怪异的建筑风格。例如位于山西省的造币局民宿，在客房的改造中，立面的传统格栅形式被保留，回应了沁源地区传统民居的风貌。原建筑的土坯砖形式也被保留了下来，根据传统工艺新制作的土坯砖墙既唤起历史的记忆，又极具装饰感。

　　在建筑材料的选择上，要遵循当地环境及气候特征。例如西北地区降雨量小，蒸发量大，木材资源也较少，这些自然条件使人们早早地就与泥土打交道，从而不断沉淀形成了一种"生土营造"情结。所呈现的生土建筑也多种多样，典型的如陕甘宁地区的窑洞，还有大量存在的各式各样的夯土房与土坯房等。因此，西北地区建筑多以土、石材、秸秆、草等原生材料来建造房屋。西南少数民族地区地处亚热带，当地气候为竹子的生长提供了天然的条件，因此竹子也成为当地最主要的建筑材料。竹楼的房梁、房柱、墙和家具大部分都是用竹子作为原材料的。这样就地取材，不仅可以选取到适合当地气候的建材，避免建造好的房屋出现"水土不服"的情况，也可以避免过多由运输产生的费用。在建造工艺上，也要遵循当地的传统建造技术并且听取一些老工匠的实践经验，配合设计师前沿性的设计理念，共同打造出既有当地建造特色，又符合现代人使用习惯的房子。

▲ 毛石是韩洪沟村传统建筑的典型特色，它有利于新建筑与场所之间建立一种时间和空间上的文脉联系
© 军械库咖啡／三文建筑（设计）／金伟琦（摄影）

4.2 文化型疗愈文旅建筑：民俗博物馆等文化空间

文化型疗愈文旅建筑是外来游客了解当地传统文化的媒介，多用于公益性质或者展示当地特有的历史文化，其展示内容也可被当作是记录文化历程变迁的重要依据。它是重点展示、传播、收藏和传承地域历史文化及乡村生产生活、非遗保护、产业发展的见证物。在吃、喝、住等基本生存需求都得到满足之后，人们便会把更多的目光投注在了解当地文化这件事上。文化场馆对于人们丰富知识、充盈内心世界有着重要的作用。文化型疗愈文旅建筑的使用者不仅仅局限于外地游客，当地人也可以在闲暇时间使用这些建筑，从而丰富业余文化生活。

4.2.1 选址

在选址上，首先要考虑当地的历史发展背景，有哪些独有的配套人文景观以及文化内容。其次，由于这类建筑的使用人群较为多元化和公开化，因此也要注重建筑的可到达性。通常选址在乡村的交通要道附近、车站附近，或者是原来就聚集了很多人气的场所。人们到达那里很方便，使用起来自然也就少了很多负担，这样人们才能更加愿意亲近和使用这类建筑空间。例如位于山西省沁源县沁河镇韩洪沟村的大槐树下的场院，其选址为抗战时期太岳军区所在地，红色文化传承至今，改造后建筑的新功能被设定为乡村记忆馆和小剧场。老窑洞被整修，外观保持原貌，室内空间被重新布置为小型历史展厅，用以展示韩洪沟老村的历史和抗战时期太岳军区的事

▲ 室内空间被改造成为村史馆展厅

© 大槐树下的场院 / 三文建筑（设计）/ 金伟琦（摄影）

迹。场地中最重要的元素是院外的大槐树，历经数百年的风雨仍然枝繁叶茂，忠实地守护着村庄。大槐树下一直是村民集会的地方，以前是韩洪沟老村重要的公共空间，也是凝聚村庄精神之地，现如今经过改造之后重新投入使用，依旧是村民聚会的佳所。

▲ 百年槐树下的场院经过改造之后成为村庄新的公共聚集空间
© 大槐树下的场院 / 三文建筑（设计）/ 何崴（摄影）

4.2.2 设计与建造

文化型疗愈文旅建筑在设计与建造上应遵循的原则与商业型疗愈文旅建筑大致相同，都要注重建筑的统一性与独特性，尊重当地的环境和气候特征，就地取材，节约成本。以位于浙江省宁波市宁海县桑洲镇的桑洲清溪文史馆为例，在建造过程中，设计师就地取材，因材施用，充分发挥了当地材料的建造优势。寻找桑洲当地的老石匠，选择当地天然石块进行砌筑，还原最原始、最自然的梯田样貌。通过质朴的技艺和手法，使得整个建筑在近距观感和质感上与自然的梯田、山岗相一致。石头窗框的处理、滴水的选择等细节也均是老把式精心而作。在内部空间材料的选择上，尽可能体现真实的质感，通过清水混凝土屋顶、白色质感硅藻泥墙面以及原木色的门窗来体现乡村建筑最原始的内在感受。除此之外，文化型疗愈文旅建筑大多还要承担展示功能，有固定的基本陈列空间，展览主题要明确，体现鲜明的在地性，突出地方特色。尤其是在室内空间的设计上，乡村展馆应统一标识，设立服务公告牌，有文物收藏或展示的场馆，须具备符合文物保护管理要求的基本条件。鼓励利用现代科技手段进行展示和导览，倡导绿色、生态的策展理念，推动展馆和周边环境有机融合。

▲ 就地取材建造而成的石墙，错落的屋顶呼应梯田样貌
© 桑洲清溪文史馆 / 浙江大学建筑设计研究院（设计）/ 章鱼见筑（摄影）

▲ 建筑入口处设有详细的空间导引示意图

© 桑洲清溪文史馆 / 浙江大学建筑设计研究院（设计）/ 章鱼见筑（摄影）

4.3 康养型疗愈文旅建筑：温泉度假疗养等康养场所

在乡村振兴战略和大健康产业的背景下，"休闲田园 + 康养度假 + 文化旅游"的模式迎来了黄金发展期。以传统休闲观光为主体的旅游模式开始逐渐向休闲、体验、养生的度假模式转变。在旅行的过程中，人们不再单纯追求打卡拍照，而是希望可以尽可能停留下来，沉淀心灵、享受生活，最终带来身体的放松与心灵的愉悦。由此可见，旅游度假的最终目的也是使游客的身心健康得到改善。在这种旅游模式的转变过程中，康养型疗愈文旅建筑应运而生，为人们提供了修养身心的最佳场所。

4.3.1 选址

康养型疗愈文旅建筑在选址时要依托项目所在地良好的气候及生态环境，构建生态体验、度假养生、温泉水疗养生、森林养生、高山避暑养生、海岛避寒养生、矿物质养生、田园养生等养生业态，与养生、养老等主题结合发展，打造休闲农庄、养生度假区、养生谷、温泉度假区等业态空间。以三亚海棠湾医养示范中心为例，海棠湾是三亚五大名湾之一，在偏离城市的南海东疆，留有喧闹之外难得的宁静。得天独厚的游居优势，让海棠湾将国际五星级滨海酒店及度假社区尽揽其中。示范中心在国家级医疗及健身疗养基地内，融合与平衡"医、养、游、居、憩"等诸要素的类型边界探索，与海棠湾的自然山水格局一同展开。

▲ 三亚海棠湾得天独厚的自然环境
© 三亚海棠湾医养示范中心 / line+ 建筑事务所、gad（设计）/ 夏至（摄影）

▲ 建筑群内部的自然院落
© 三亚海棠湾医养示范中心 / line+ 建筑事务所、gad （设计）/夏至（摄影）

4.3.2 设计与建造

　　康养型疗愈文旅建筑在设计和建造中，要着重突出"康养"的特质。首先，康养类建筑原则上不主张高层建筑，建议以低层、多层为主，建筑高度小于 20m，保证足够的日照间距，建筑密度宜大于 25%，小于 35%。对于建筑内部的功能划分也不同于普通用于居住的文旅建筑，其重要特点是能提供较完善的包括对于老年人相对更加友好的生活配套和医疗护理条件。对于建筑配套的庭院景观及室外公区设计的要求也较为严格，不仅要注重绿地规划的比重，还要结合景观打造慢生活步行系统，进行无障碍道路系统设计，包括盲道、轮椅专用道、轮椅入户坡道、长坡升降梯等。还是以三亚海棠湾医养示范中心为例，设计师在梳理了迪拜、德国、瑞士等地面向世界访客的健康中心及其综合配置后，尝试将设计的起点调整至上层策划，将示范中心定位为"医疗酒店化的复合场景目的地"：其模糊了医院与酒店的边界，容纳康养与度假多元场景模式，以此探索类型创新的可能性，构建健康生态圈。在规划布局上，以集约高效的自然院落，将"医疗接诊要集约高效，康养度假要放松自由"两者完美融合；在使用上，又通过"全时段的复合场景，柔性变化的复合功能"的策略很好地应对了功能面积不确定、空间业态动态需调整的问题。示范中心的空间布置与面积配置可随时动态变化，缓解医疗接诊与康养度假存在分时与全时的矛盾。

5

乡村疗愈文旅建筑的品牌打造与战略定位

5.1 打造建筑品牌 IP

　　互联网时代，越来越多的人已经开始意识到品牌价值的重要性。品牌能够提升溢价空间，让消费者明确、清晰地识别并记住品牌特点，从而为企业赚取更大的利润。同时，品牌也是一种无形的力量，品牌价值是在消费者与企业的互动下形成的，它不仅需要被企业内部认同，也得经过市场的检验并被市场认可。乡村文旅建筑也是如此，打造品牌 IP 是提升品牌知名度的重要手段。要懂得乡村建筑品牌背后的故事，要根据当地的历史、文化精神来打造品牌，避免脱离实际硬性塑造。品牌要有自己的特色和价值，这样才能赋予产品更长久的生命力。

　　以知名文旅建筑品牌"飞蔦集"为例，该系列民宿不是简单意义上的圈地盖房，而是在寻到极佳地理位置后，在坚持不改变、不破坏生态与自然的前提下，用建筑语言洞察本质，让人们融入并成为自然环境本身，享受怡然自得的旅行生活。例如飞蔦集·松阳陈家铺，古村陈家铺悬于山崖峭壁之上，三面环山，面朝深谷，云雾缭绕。陈家铺村依山而建，沿山体梯田阶梯式分布，上下落差高达 200 余米，整体呈现出典型的浙西南崖居聚落形态。近百幢民居多为夯土木构建筑，保留了完整的村落空间肌理和环境风貌。在整个设计过程中，line+ 建筑事务所既要遵循当地相关政策法规，保护村落的历史风貌，又要兼顾建筑的体验感与舒适性，使其符合现代都市人的使用需求。line+ 在本次乡村改造中尝试将传统手工技艺与工业化预制装配相结合，轻钢结构在建筑内部为现代使用空间搭建了轻盈骨架，而传统夯土墙则在外围包裹了一层尊重当地风貌的厚实外衣。同时就地取材，对旧材料加以回收再利用，实现"新与旧、重与轻、实与虚"的对立统一。项目在投入使用之后，迅速风靡文旅行业，成为具有代表性的高端民宿之一，也成为网红打卡聚集地，让更多人在此领略到了松阳古村落的独特魅力，并斩获包括美国 Architecture Master Prize Winner、"WA 中国建筑奖—设计实验奖"佳作奖等在内的诸多殊荣，成为飞蔦集品牌的重磅佳作。除了飞蔦集·松阳陈家铺之外，还有飞蔦集·黄河、飞蔦集 × 空山九帖等多家门店相继建成开业。飞蔦集坚持在有温度的建筑里，传递一种新的看世界的视角，带大家一起领略乡野之美。

▲ 新置入的二层玻璃体量
◎ 飞蔦集·松阳陈家铺 /line+ 建筑事务所（设计）/ 杨光坤（摄影）

▲ 改造后的飞蔦集将轻钢结构与夯土墙相融合
◎ 飞蔦集·松阳陈家铺 /line+ 建筑事务所（设计）/ 存在建筑（摄影）

5.2 突出建筑文化主题和核心功能

在文旅建筑中，文化主题和核心功能是灵魂和最重要的支撑元素。明确项目的主题，突出其核心功能是提升建筑知名度、推动项目所在地其他相关配套建筑以及当地旅游行业发展的重要举措。事实上，建筑的外观和功能是可以复制的，但独一无二且契合当地自然与文化环境的主题建筑是不可复制的。建筑一旦具备了富有市场影响力的文化主题，其周边配套的产品设计以及产业布局也就有了方向和依托。经过日积月累的沉淀，就会产生底蕴，凝聚为当地旅游业的灵魂，并彰显出个性和气质。当地旅游业也就有了品牌、效益和可持续发展的原动力。

以瓦美术馆为例，项目坐落在北京市怀柔区北沟村，顾名思义，就是北方村落的一处山沟，因为土地贫瘠，其发展长期处于停滞状态。随着乡村振兴战略的不断推进，北沟村进行了两次环境革命，逐渐变化成为与国际意识接轨的先锋村落。其中建筑改造承担起了推动乡村变革的重要使命。瓦美术馆，原名北沟乡村艺术建筑美术馆，设计立意为表达将北沟视为第三故乡，发展乡村，活化乡村，同时使用艺术的表现手法，敢于将乡村形象与城市美学融合的一种先锋的态度。项目本身基于对原址及村民生活的尊重，将艺术的表现与北沟乡村文化相融合，在瓦美术馆的空间及展示内容上，既保留了原有的文化基础和村民的生活模式，又与新空间结合，并用概括的空间表现手法，使空间能够沿着时间延伸，从而打造出一处固定思维与先锋意识的交流平台。它记录了过去的脉络，描述了现在的试探，却又引申到了未知的领域。室内部分设置3个主题空间，分为北沟的记忆、北沟的现在、北沟的未来三部分。"北沟的记忆"位于原建筑基底位置，设置有北沟历史展览、原址建筑记录、北沟建筑文化等主要展览空间，以及位于二楼的多功能厅，可作为学术报告厅、临时展厅、聚会厅等使用。"北沟的现在"主题空间位于入口部分，包括咖啡厅、社区活动间、室外休息区等功能区域。"北沟的未来"塔楼配有主要的阶梯展览空间、一层的服务功能空间，以及顶楼的长城眺望景观露台等功能。不仅为游客提供了了解北沟文化及历史变迁的平台，也是当地居民休闲娱乐的不错选择之一。除此之外，由当地老旧建筑改造而来的北旮旯涮肉乡情驿站、三卅村落型民宿、瓦厂酒店等配套文旅空间形成合力，均在乡村发展和改革的过程中凸显出了北沟村的原本特点和文化，用更加自信的表现形式，体现出琉璃瓦及长城脚下村落的底蕴。

▲ 美术馆里的开放区域
© 瓦美术馆 / IlLab. | 叙向建筑设计（设计）/ 存在建筑（摄影）

▲ 楼梯展示空间
© 瓦美术馆 / IlLab. | 叙向建筑设计（设计）/ 存在建筑（摄影）

▲ 琉璃瓦天井空间
© 瓦美术馆 / llLab. | 叙向建筑设计（设计）/ 存在建筑（摄影）

5.3 整合资源，提升乡村文化，打造多业态共生共荣的产业模式

　　我国乡村旅游热度持续升温，乡村旅游规模不断扩大，乡村业态也在逐渐丰富。将文化脉络融入乡村肌理，通过文化提升乡村旅游品位，能够有效解决乡村旅游同质化、传统文化特色不足等问题，从而使乡村焕发新的活力。文旅融合发展的模式不仅能提升乡村资源的价值，提高乡村文化可视度，增强乡村间的差异性，促进乡村特色化发展，还能提高村民的文化自信，培育文明新乡风，形成文明开放的旅游氛围。在盘活现有乡村资源、提升乡村原有产品品质的基础上，创造新的旅游吸引物，形成集特色农产品、农家餐饮、特色住宿于一体的旅游供给，扩大乡村文创产业链。

　　以西河粮油博物馆为例，项目位于河南省信阳市新县，这里自然和人文资源丰富，但是交通闭塞，空巢化严重，缺乏活力。设计团队在经过实地考察后，对村子里的老粮库进行了改造，成功地将20世纪50年代的"西河粮油交易所"转变为21世纪的"西河粮油博物馆及村民活动中心"。改造后，建筑的功能包括一座小型博物馆、一处特色餐厅，以及多功能用途的村民活动中心。这座新建筑既是西河村新的公共场所，也成为激活西河村的重要起点。在建筑改造的同时，设计团队还为西河村策划了新的产业——茶油，并设计了相关产品的标识——"西河良油"，可以说是一次"空间、产品、产业"三位一体的跨专业设计尝试。茶油和农产品销售也开始逐步发展起来，成为西河村的特色旅游纪念品。在之后的几年里，该村又得到了陆续的改造，也新建了民宿和帐篷营地等旅游服务设施。现在的西河村已经成为年接待游客数十万人次、吸引青年人返乡创业的乡村振兴模范村。

▲ 文创产品展示售卖区
© 西河粮油博物馆／三文建筑（设计）／金伟琦（摄影）

▲ "西河良油"文创产品
© 西河粮油博物馆／三文建筑（设计）／何崴（摄影）

—西河粮油博物馆—
西河良油
—山茶油—

▲ "西河良油"标识

乡村疗愈文旅建筑对乡村发展的意义

对于去乡村旅行的游人而言，风景固然重要，但是能为他们提供遮蔽空间的建筑同样重要。这些民宿、酒店、餐厅、茶室、博物馆等建筑，是游客使用量最大，也最能够带给游客旅游体验的设施。这类设施的使用直接关乎着游客的人身、财产安全。因此，优质的文旅建筑不仅能为游客提供优质的栖居场所，身处其中，还可以令人最大限度地放松身心，缓解平日生活以及旅途中的疲惫感，达到疗愈身心的目的。

对于乡村而言，优质的疗愈文旅建筑是吸引游客的重要设施。只有满足人们吃好、住好、玩好的需求，才能引起更多城市居民对于乡村自然生活的向往，从而形成良性循环，吸引更多的人来到乡村享受生活。游人的到来不仅可以增加乡村当地的旅游收入，还可以帮助更多当地居民解决就业问题。他们可以从事与旅游业相关的服务工作，也可以通过乡村产业升级，来进行农产品的深加工与销售，提升农产品的附加值，取得更好的经济收益。

乡村建筑是乡村传统文化的重要载体，乡村建筑和当地的自然、田园风光共同组合构成了美丽的乡村风貌。随着越来越多的建筑师将目光投向乡村，乡村文旅建筑的建设也在如火如荼地进行着。如何保护传统村落的建筑风貌、延续乡村记忆是当下乡村建设中需要思考的问题。设计师们在经过对场地的详尽调研之后，在保留建筑传统风格的基础之上，对建筑加以修复，并且使用现代的建筑手法，赋予乡村建筑全新的生命，让整个村落的面貌焕发了勃勃生机，同时也使这些见证了当地传统文化的"活化石"得以被更多人熟知。对于一些新建的建筑而言，与环境及当地传统建筑风格相协调也是设计中需要重点考虑的。这些疗愈文旅建筑的建成，不仅改善了人居环境，也赋予了乡村全新的风貌。

参考文献

[1] 陈昕 . 康养旅游研究 [M]. 北京：社会科学文献出版社，2022.

[2] 薛震东，朱星哲 . 文旅项目建筑设计策略浅析 [J]. 中国房地产，2019（16）:77-81.

[3] 郑锐填 . 乡村振兴战略环境下乡村民宿建筑设计探讨 [J]. 工程建设与设计，2022（22）:9-11.

案例赏析

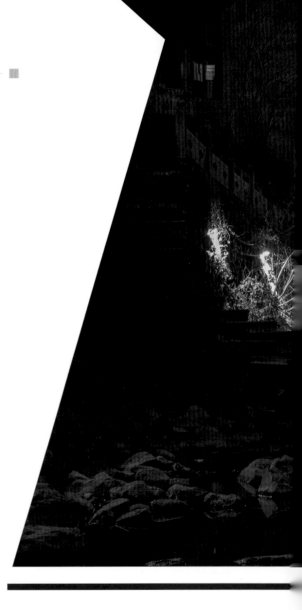

造币局民宿

——乡土气息与时尚感并存的山西特色民宿

项目地点：山西省长治市沁源县沁河镇韩洪沟村

场地面积：960 ㎡

建筑面积：540 ㎡

建筑、室内、景观设计：三文建筑

主持设计师：何崴、陈龙

项目建筑师：梁筑寓

设计团队：桑婉晨、曹诗晴、刘明阳

项目顾问：周榕、廉毅锐

驻场代表：刘卫东

摄影：金伟琦

业主：沁源县沁河镇人民政府

▲ 民宿夜景

项目所在地区位条件

    造币局民宿所在地位于村庄尾部，位置私密、幽静，北侧是山坡，南侧朝向原来的泄洪沟渠，视线相对开阔。原址上有三个并排但独立的院落。院落格局规矩，正房两层，形制是沁源地区典型的三开间，一层住人，二层存放粮食和杂物。厢房一层，因为年久失修，大多数已经破损或倒塌，很难一窥全貌。改造前，三个院落已经闲置多年，原住户早已迁到新村居住，此处产权已经移交给村集体。

▲ 民宿鸟瞰

▲ 保留了原有院落的基本格局，将三个院落贯通，组成民宿

建筑布局：打通院落，重构空间

    新功能决定原来彼此隔绝的三个院落格局必然会被打散、重组。民宿不同于民居，它需要公共服务区域、前台、客房和后勤部分，且客房要有一定的数量，服务要有便捷性。

▲ 从屋顶平台看客房和院落

　　设计的策略分为以下几个步骤。首先，对原有建筑进行评估，对保存良好、可以继续利用的房屋进行保留、修缮；对已经无法继续使用的建筑进行拆除。其次，拆除三个院落之间的隔墙，将场地连接为一体，重新组织入口和交通流线。再次，根据新场地景观和功能组织，新建单体，与保留建筑一起重构场所。完成后，原正房与新厢房的空间关系仍然保留，正房两层高，位置不变，新厢房一层，处于从属地位。空间格局并不拘泥于原貌，而是利用新建的厢房使空间的流线和室外空间得以重构，同时利用现代的形式和新材料，使新旧建筑形成一种戏剧性的对话关系。

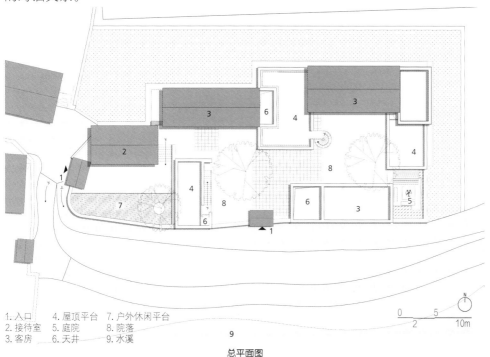

1. 入口　　4. 屋顶平台　7. 户外休闲平台
2. 接待室　5. 庭院　　　8. 院落
3. 客房　　6. 天井　　　9. 水溪

总平面图

建筑设计逻辑与建筑材料的使用

建筑的设计延续了布局的逻辑。正房或被保留修缮，或按照原貌复建，它们在空间中居于显眼的位置，形式的地域性宣告了民宿与场地文脉的关系。入口院落的正房是民宿的前台，后面两个正房是客房。正房二楼不再是存放杂物的空间，它们被改造为客房使用，但立面的传统格栅形式被保留，回应了沁源地区传统民居的风貌。原建筑的土坯砖形式也被保留了下来。根据传统工艺新制作的土坯砖墙既唤起历史的记忆，又极具装饰感。新厢房采用平顶形式，更抽象、更具现代性，也为民宿提供了更多、更丰富的室外空间（二层平台）。为了保证一楼客房的私密性，新建客房设有属于自己的小院或者天井。建筑朝向小院或天井开大窗，形成内观的小世界。

▲ 新旧建筑形成对比

建筑外立面没有使用乡土的材料，而是采用了水刷石。这既是对 20 世纪 80 年代建筑风格的再现，也是对设计师自身回忆的一种表达。灰白的碎石肌理和老建筑的土坯墙形成柔和的对比，不冲突，但有层次。彩色马赛克条带的处理，既是对斯卡帕（Carlo Scarpa）的一种致敬，也对应着乡村瓷砖立面的命题。设计师希望借此引起对乡村瓷砖立面的一种反思，不是简单的批判，而是理性的思考，并想办法解决。

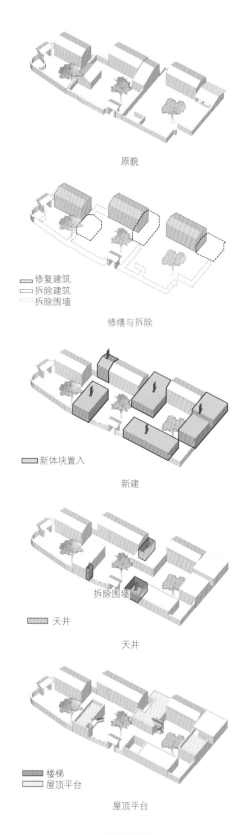

原貌

修复建筑
拆除建筑
拆除围墙

修缮与拆除

新体块置入

新建

拆除围墙

天井

天井

楼梯
屋顶平台

屋顶平台

体块生成图

乡土与时尚并存的室内设计风格

从设计逻辑来看，室内是建筑的延续。设计师希望营造一种乡土与时尚并存的感觉，既能反映山西的地域性，又能符合当代人的审美和舒适性要求。客房空间的组织根据客房的面积和定位布置，符合当代度假民宿的需要。新建筑客房天花板使用深色界面，让空间退后。地面是灰色的纳米水泥，在保证清洁的基础上，给人一种炫酷的时尚感。墙面为白色，保证了室内的明亮度。老建筑客房天花板保留原建筑的天花形制，木质结构暴露。地面是暖色调的实木地板或仿古砖，给人温馨舒适感。墙面为黄土色的定制涂料，给室内氛围增加了怀旧感，也符合当地民居特色。

▲ 原木、土墙和手绘天花传递了浓郁的乡村气息

▲ 使用了传统的炕作为客房的床

▲ 天井的设计增加了空间的层次

▲ 新建建筑的室内

床的处理有几种不同的方式：炕、标准的床和地台。老建筑的一层客房采用炕，二层由储藏空间改造的客房采用标准的床，而新建的客房则多为地台。这样的处理既满足了不同使用人群的入住体验，也让地台的使用便于灵活组织房间的入住形式，在大床房、标间之间转换。在两种"对抗"的室内风格基底上，为了提高设计的整体性，家具和软装选择了相同的风格。毛石、实木、草本编织、粗布等乡土材料被大量使用，经过精细的挑选、搭配和加工，呈现出一种"粗粮细作"的状态。颜色搭配也直接影响了室内的最终效果，不同的房间使用不同的主题颜色，也与建筑的外观颜色相对应。坐垫、地毯、壁饰等软装，选择了浓郁和鲜艳的色彩，它们作为空间中的跳色，活跃了气氛。

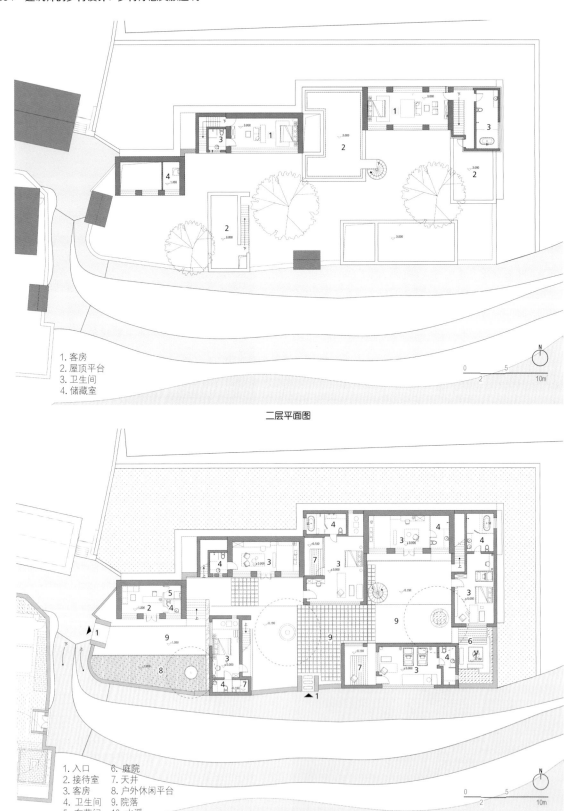

1. 客房
2. 屋顶平台
3. 卫生间
4. 储藏室

二层平面图

1. 入口　　　6. 庭院
2. 接待室　　7. 天井
3. 客房　　　8. 户外休闲平台
4. 卫生间　　9. 院落
5. 布草间　　10. 水溪

一层平面图

项目建设的意义

　　韩洪沟村曾经是抗战时期太岳军区后勤部队所在地。项目所在的老院子曾经是当时的银行，这为项目平添了几分传奇的色彩。原本破败不堪的建筑在改造之后重新焕发了活力，同时被赋予全新的使用价值。在这里，游人们不仅可以体验到纯正山西风格的居住环境与美食，同时也能远离城市喧嚣，感受淳朴的乡野气息。除此之外，设计师们也希望民宿的建成能为乡村活化尽一分绵薄之力。

▲ 民宿夜景

富阳·阳陂湖湿地生态民宿酒店(燕屋)

——诗意的栖居之所

项目地点：浙江省杭州市富阳区阳陂湖湿地公园

建筑面积：65 m² x7

设计公司：尌林建筑设计事务所

主持建筑师：陈林、刘东英

设计团队：王嘉欣、崔晓晗、陈松

EPC 总承包：中国电建华东院；浙水建安

施工单位：杭州中普建筑科技有限公司

摄影：赵奕龙、嵒建筑－赵赛

业主：杭州富春山居集团有限公司

▲ 观景露台

项目所在地区位环境

　　富春江流经的富阳，自古以来就是一块宝地。富阳阳陂湖是一个被修复的湿地公园，湿地公园中央有大小两座岛，呈长条状，中间以木拱桥连接。周边皆为大面积水域和植被，适合作为几个分散式小客房的场所。燕屋就坐落在小岛上，位置独立而私密。七个小房子沿着小岛边缘分布，尽量临水，距离得当，各有独特的景观视野。住客可以通过岛上的小石板路过桥进入，也可以泛小舟而上岛，感受两种不同的体验。

▲ 湿地岛上私密的七个客房

▲ 水边的燕屋

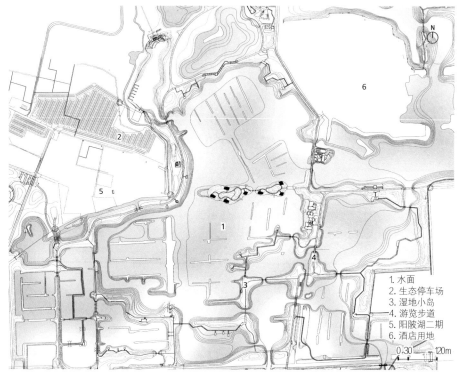

1. 水面
2. 生态停车场
3. 湿地小岛
4. 游览步道
5. 阳陂湖二期
6. 酒店用地

区位图

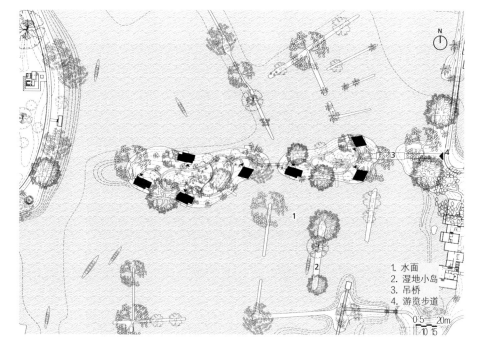

1. 水面
2. 湿地小岛
3. 吊桥
4. 游览步道

总平面图

与自然为友，营造怡人居所

　　湿地生态酒店由两个客房类型有机打散分布组成，都运用了在大屋顶下生活的概念。大屋顶也像是翅膀，如小鸟般栖居于此，在岛上停留片刻，轻轻落在水面上。古人造物很喜欢因地制宜，轻巧地介入自然，用木头把房子架在水上，房子被自然融入与包裹，这种生态观念在中国人的骨子里一直存在。很多人会说这两个房子很有江南的味道。这种江南的味道一方面在于对房子虚体空间属性的理解，放大檐下空间的比例，连接人居空间与自然天地，同时通过对尺度的把握创造怡人的居住空间，皆是营造一种人、空间、自然三者之间的关系。

▲ 房子像鸟儿一样栖居于此，好像很久之前就长在这

▲ 静谧的江南气息

▲ 屋檐下大露台连接了室内外空间

　　另一方面就是让房子形态与湿地周边的山发生关系，也是房子江南味道的另一层表达。房子折叠屋顶的坡度保持与山的轮廓线类似，透过近处的芦苇荡看向房子和远山，房子就好像是一种对山的回应，互相招呼，遥相呼应。

▲ 木拱桥连接小岛上的客房

▲ 茅草屋顶的客房隐藏在植物后面

▲ 被遮蔽的客房

设计概念

两个客房的室内格局不太相同，其中一个户型是室内空间非常紧凑的，而室外则有一个非常大的露台，室内只是满足基本的居住需求，人们大部分时间可以在户外感受自然，静赏湖光山色。形态关系上，两片大的三角双坡屋顶盖住了整个房间，屋顶呈一头起翘状态，立面全玻璃通透，而大屋盖又限定了室内看出去的视野范围和方向。室内空间被中间的卫生间一分为二，分为睡眠区和休闲区，空间左右对称，中间卫生间体量不到顶，整个屋顶空间连续可见。大露台上设置了一个休闲喝茶区和户外泡澡浴缸；临水设计了无框玻璃栏板，让视线尽量少地被遮挡。

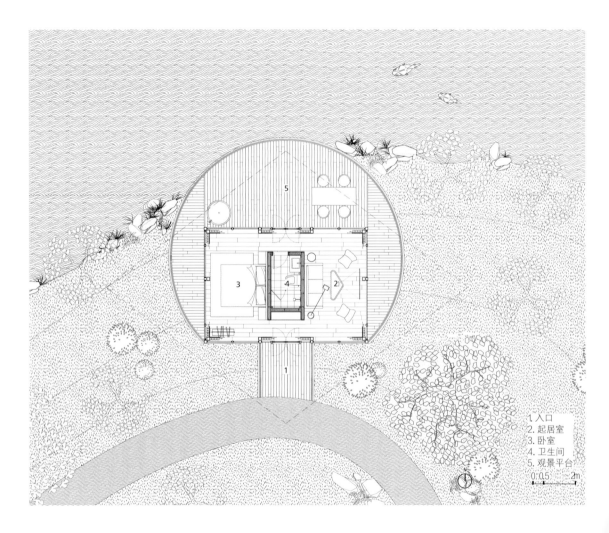

1. 入口
2. 起居室
3. 卧室
4. 卫生间
5. 观景平台

0 0.5   2m

客房平面图一

▲ 通透的全景玻璃，晨光打入客房休闲区

▲ 全景睡眠区

▲ 屋顶下的户外圆形大露台

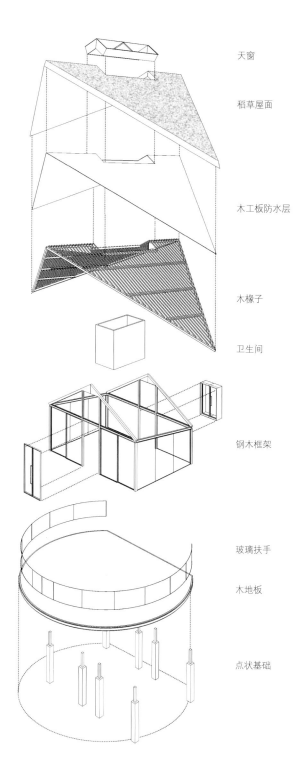

天窗

稻草屋面

木工板防水层

木椽子

卫生间

钢木框架

玻璃扶手

木地板

点状基础

结构分解示意图

　　另外一个户型的设计概念则是在一个大屋顶框架里置入三个小盒子。每个盒子的大小高度不同，对应着不同的功能。盒子与屋顶脱开，只是放置在构架上，看起来很轻盈，同时空气可以从屋顶下穿过。双层的屋顶也有效避免了夏天室内温度过高，起到节约能耗的作用。两个露台连接了盒子体量和构架，形成一个完整的使用空间。客房将近一半是半室外的空间，强调了在自然环境中半室外体验的重要性。

▲ 置入三个小盒子的客房

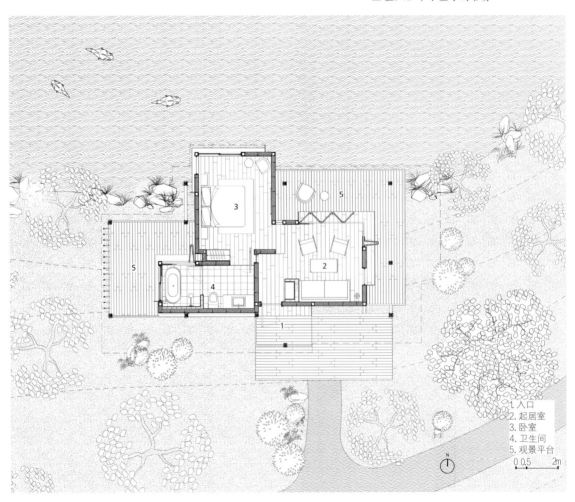

1. 入口
2. 起居室
3. 卧室
4. 卫生间
5. 观景平台

0 0.5　　2m

客房平面图二

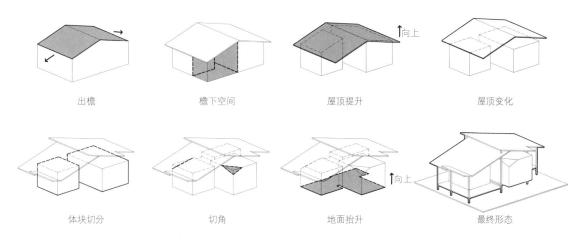

出檐　　　　　　　　檐下空间　　　　　　　屋顶提升　　　　　　　屋顶变化

体块切分　　　　　　切角　　　　　　　　　地面抬升　　　　　　　最终形态

概念生成图

▲ 从岛内石板路上看客房

▲ 打开折叠门，室内外空间贯通一体

▲ 从客厅看向入口玄关和卧室

▲ 卧室空间和三角天窗

▲ 客厅空间场景

▲ 卫生间

▲ 卫生间外的露台

在界面考虑上，客厅设置了可全部移开的转角落地窗。全部打开之后，湿地的湖面、水生植物、露台、室内就全部融为一体了。打开入户门还会有穿堂风，空间很舒适，卧室设置在一个高起来两级踏步的空间体量中。有趣的是卧室顶部开了一个三角窗，在床上可以透过三角窗看到屋顶的木构架和天空。卫生间体量则布置在背面，与卧室连接，在大浴缸边上设置了可全部开启的落地门窗，泡澡时可以全部打开，有一种在户外泡澡的体验。卫生间外面还有一个露台，泡完澡之后可以到露台上休息。

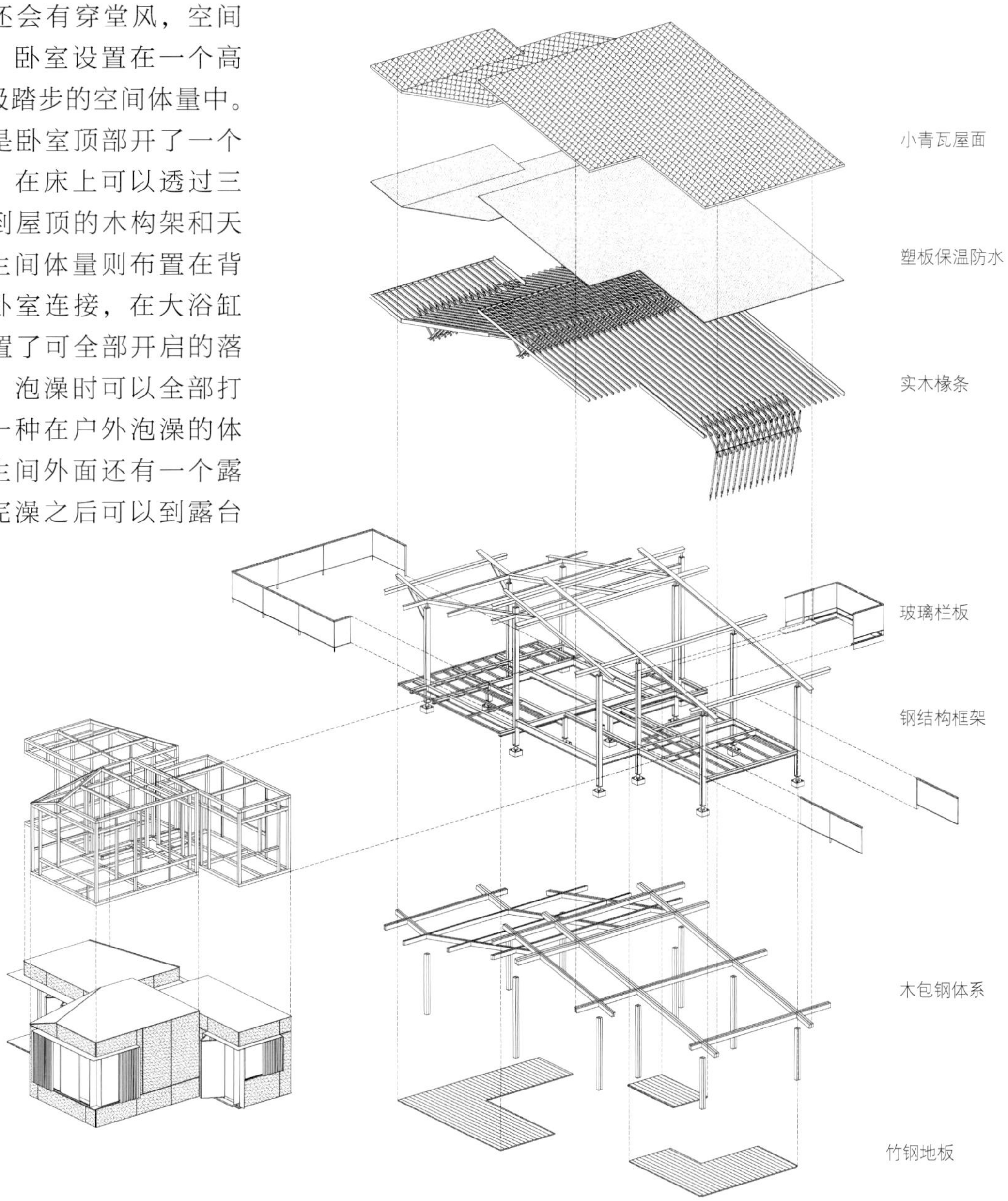

小青瓦屋面

塑板保温防水

实木椽条

玻璃栏板

钢结构框架

钢构框架

木包钢体系

箱体板材

竹钢地板

结构分解示意图

清晰的建构、真实的建造

在建造方式上，大部分构件还是厂家预制好，现场来组装拼接。结构的选择是钢结构为主，工厂预制，现场组装和焊接。实木用在屋顶椽条梁部分，墙体则采用轻钢龙骨支撑和板材基层，外立面材料使用相对标准规格的板材和系统玻璃门窗，由工厂预制好现场拼装。基本实现全屋80%的预制化体系，只要施工配合好，就可以实现快速精准建造，减少现场环境的破坏和垃圾、噪声。钢结构在两个房子中的运用方式不同，小户型中钢结构和空间立面屋顶系统结合，都是清晰地裸露出来；立面系统玻璃门窗填充在结构中间，形成一体的关系。而大户型则是将屋盖框架体系和室内盒子体量的结构完全分开，屋盖系统的结构全部裸露，清晰可见，包括钢木连接构件、工字钢填充木头、木头构件之间的连接，还有底部架空的钢结构杆件。盒子体量的内结构则是被包裹起来，让建筑的空间形成逻辑很清晰的表达，也让建筑的建构之美通过精致的细节展现出来。

▲ 清晰的钢木结构体系和材料关系

▲ 立柱与屋顶梁的交接关系

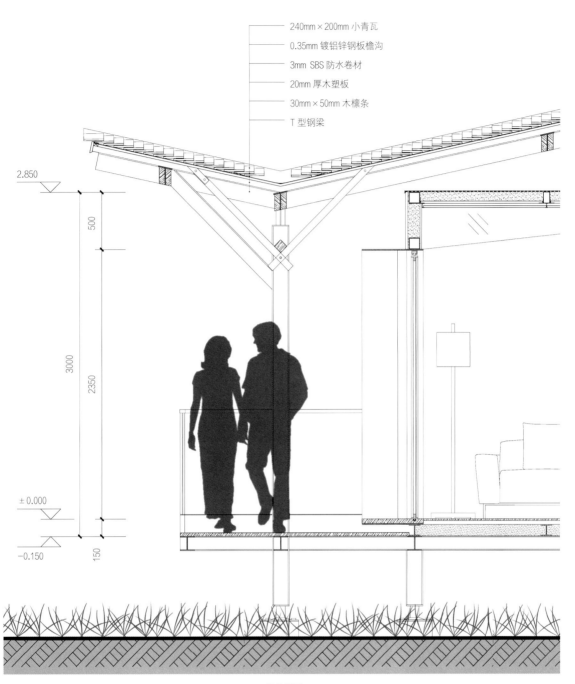

240mm×200mm 小青瓦

0.35mm 镀铝锌钢板檐沟

3mm SBS 防水卷材

20mm 厚木塑板

30mm×50mm 木檩条

T 型钢梁

2.850

500

3000

2350

± 0.000

−0.150

150

墙身详图

南立面图

江南半舍民宿

——一半是城市，一半是乡村

项目地点：江苏省昆山市计家墩村
建筑面积：1800 m²
设计公司（建筑＋室内）：B.L.U.E. 建筑设计事务所
设计团队：青山周平、藤井洋子、杨易欣、曹宇、陈璐
摄影：夏至
业主：江南半舍

▲ 建筑外观与周边环境

项目区位与背景

在距离上海、苏州一个半小时左右车程的地方，有一个小村庄——计家墩村。这里曾经是一座典型的江南水乡，随着时代发展，村子人口逐渐减少，空心化愈加严重。于是乡镇政府邀请专业团队，对村子进行了再次开发和改造。为了激发村子活力，计家墩村依托原有乡村风光，引入文化创意产业，吸引了一批城市来的"新村民"，形成了一个新的乡村理想生活社区。江南半舍民宿就坐落于此，民宿的位置在村子入口处，被一条小河三面环绕，不远处便是农田。

▲ 建筑与周边农田鸟瞰

区位分析图

▲ 灯光下的建筑群显得格外宁谧

▲ 一层空间的材质与环境更为融合

设计理念

在项目之初，设计师们首先思考的是乡村和城市之间关系的新可能。从城市来到乡村的"新村民"，给乡村带来了新的产业和生活方式，增强了乡村和城市间的纽带联系，这也为半舍的设计奠定了基调：一半是城市，一半是乡村。

民宿的主人是村子里的本地人，从小在这里生活。在设计交流的时候，民宿主人提出想给自己预留一片私人空间，希望以后可以回归到这里生活：一半是留给自己的私密住宅，一半是与客人共享的开放空间。这样的民宿，更像是一个开放共享的家。

▲ 建筑外观

同时，在打造江南半舍的时候，设计师们希望建筑是一个从传统水乡肌理中生长出来的、与自然更交融的空间。于是在满足功能和使用面积的前提下，设计师们化整为零，将一个完整的形体拆分成若干小尺度的建筑，通过排列从中建立起新的秩序。错落有致的房子，空间上既独立又相互联系，而建筑间的空隙让自然得以渗透室内，模糊了内与外的边界。

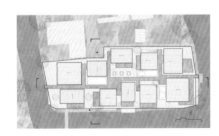

屋顶平面图

▲ 建筑群顶视

空间设计

　　在总体布局上，设计师们用一个连续的大空间，串联起 10 个独立的"盒子"，形成了建筑的平面。这些盒子有公共功能的餐厅、茶室，也有供客人居住的客房，以及民宿主人的私人生活空间。

　　竖向上建筑被一个连续的屋面划分为上下两层，而两层的空间给人截然不同的体验。

▲ 二层十个盒子由景观连廊串联

▲ 鸟瞰图，建筑被分为上下两层

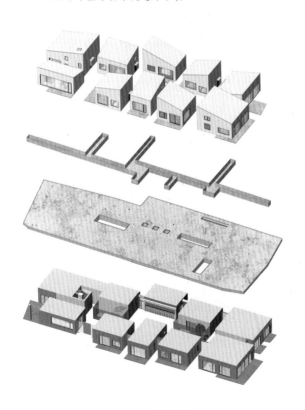

分解轴测图

▲ 白色建筑与灰色走廊

在建筑的一层，客房及主要功能空间沿河面错落布置，确保每个房间都有良好的景观面，同时兼具必要的私密性。一个连续的共享空间组织串联起各个功能房间。这个连续共享空间不仅仅是交通走廊，还可作为展览空间。共享客厅是一个人与人相遇交流的场所。为了与环境更好地融合，将自然引入室内，设计师们在建筑中设置了两处天井庭院和可以开启的天窗，既满足了室内公共空间采光，又让自然的活力与生趣蔓延进室内。

▲ 建筑立面

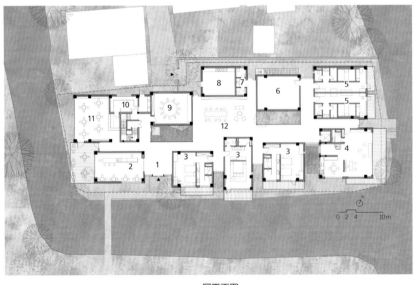

1. 玄关
2. 前台 / 酒吧
3. 客房
4. 主人房客厅
5. 客房（盒子房间）
6. 影音室
7. 盥洗室
8. 布草间
9. 大包间
10. 厨房
11. 餐厅
12. 共享客厅

一层平面图

▲ 建筑二层地面铺设灰色石子

　　建筑二层空间更加开放自然。连续的大屋面将 10 栋房子分割出来，错落有序的盒子远远看去好像是一个漂浮的小小村落。屋面上铺满灰色石子，一座开放的景观连廊架设于屋面之上，串联起相互独立的房间。每个房间都设有可以走出来的露台，将室内的生活延伸到了户外。在空间上，二楼的房间是相互独立的，而视线上又有着彼此的联系。如果把石子比作水面，连廊比作桥，每个房子是一个小家，那这里又何尝不是一个抽象的江南水乡。

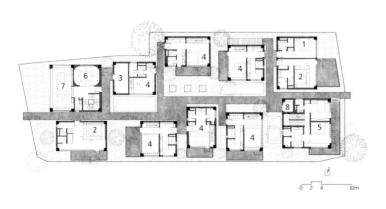

1. 客房
2. 客房（盒子房间）
3. 布草间
4. 客房（loft 房）
5. 主人房卧室
6. 小包间
7. 茶室
8. 电梯

二层平面图

建筑材质选择

建筑材质的选择呼应了建筑空间的概念。用连续的大屋面进行划分，上下两层采用了不同的材质。

场地三面环水，周边绿植丰富，于是在一层外立面上设计师们采用了竹钢作为主要材质。竹钢作为自然材料不仅从质感上让建筑与环境更加融合，触感上也更加柔和有温度，给人一种放松且温暖的感受。同时，竹钢的耐候性也能很好地适应水乡的潮湿。

▲ 建筑上下两层采用不同材质

▲ 二层白色建筑与灰色走廊

建筑二层的材质则表现得更为纯粹。墙面采用白色带肌理的涂料，搭配白色亚光金属屋面，使得每个建筑单体看起来简单而干净。银灰色镀锌钢板走廊表面做了乱纹细节处理，大屋面整体铺设灰白混合大颗粒石子。二层空间整体呈现灰白色调，以绿色植物为点缀，塑造出一种静谧的空间感受。

▲ 室内公区

室内材质选择

　　建筑室内公共空间部分，整体以白色简约为主：墙面和天花选用米白色肌理涂料，地面是白色的水磨石。这样的空间可以很好地映衬天井庭院带来的光线变化。同时，也可以满足在公共空间布展的功能需求。在公共空间开放的区域还设置了木制固定家具，配合植物和活动家具，营造出开放的共享客厅空间。

▲ 天井

　　建筑室内客房部分，有深色和浅色两种色彩搭配。材质选用上采取相同的逻辑：地面为水磨石，墙面和天花采用带有肌理的涂料；在沙发区域、卧室区域、书桌区域则是选用了触感更加柔和自然的木饰面材料；淋浴卫生间区域，选用了以小颗粒石子为底料的水洗石，不仅增加了空间的肌理质感，还起到了防滑的效果。

▲ 深色房间

▲ 透过客房玻璃可欣赏外部美景

▲ 浅色房间

▲ 客厅休闲区

▲ 卫生间

▲ 客房里的禅意空间

设计师寄语

　　在时代发展的今天，乡村的再次开发带给人们更多新的课题和可能。江南半舍项目，就是带着这样思考的一次尝试。在江南半舍，可以享受安静闲暇的时光，体会江南水乡风情，可以偶遇半舍主人，一同品茶聊天，或是遇到更多的朋友，围炉夜话把酒言欢。江南半舍不仅仅是一家民宿，更为城市的人们提供了一个乡村理想生活的新可能。

▲ loft 客房

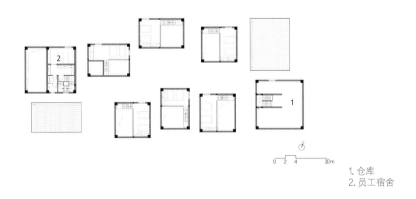

0　2　4　　　　10m

1.仓库
2.员工宿舍

阁楼平面图

融创·莫干溪谷一亩田度假社区

——非经验社区

项目地点： 浙江省湖州市德清县

建筑面积： 9596.29 ㎡

建筑、室内、景观设计： gad、line+ 建筑事务所

主持建筑师 / 项目主创： 孟凡浩

设计团队： 陶涛、周超、邢舒、范圳、万云程（建筑），
金鑫、张宁、王丽婕、赵嘉琦、胡晋玮（室内），
李上阳、金剑波、池晓媚、苏陈娟（景观）

结构机电设计： 浙江绿城建筑设计有限公司

设计团队： 任光勇、卢哲刚（结构），崔大梁、房园园、
陈谨菡、刘浩、李翔（机电）

摄影： 孙磊、ingallery、简直建筑 – 空间摄影

业主： 融创东南区域集团

▲ 建筑外观与周边环境

项目建造背景

　　近年来，在人们对城市病的逃离行为和对都市人工环境的反思中，地产开发范式下的度假小镇类项目在各地掀起热潮。它们通常依托优质的自然环境，聚焦生活需求，成为度假产品或第二居所。

区位图

100 m

　　莫干溪谷一亩田度假社区项目位于德清县莫干山东麓——历史悠久的度假高地。项目场地生于五个原生溪谷之间，保留了现有农田肌理及通透幽远的山谷视廊，以稻田原乡为特色，在溪谷中营造阡陌纵横的田野。场地的轮廓呈现不规则形状，南北长约 109 m，东西长约 112 m，总用地面积约 10000 ㎡。坡地高度整体态势自西向东、自北向南递增。

　　项目虽然处于背山面田、视野开阔的环境中，但其性质依然是一次地产开发。业主对于项目的定位和诉求很清晰，整体大盘内已开发大量的中式合院产品，因市场形势变化，决定废除本地块内原有的别墅方案，加入度假社区的业态，增加产品的多元性，打造这一度假社区样本。

▲ 顺势而为的单体关系

▲ 建筑外观概览

　　"聚落"是设计团队一直关注的建筑学课题，不论是城市中的集合住宅社区，还是有机生长的传统村落，设计团队的研究对象都是"聚落"——人的聚居和生活场所。而落到每个项目，基础条件、终端使用者以及时代背景各有不同，需因势利导，对症下药。

1. 客房
2. 书吧
3. 餐厅
4. 门厅

0　5　10　20m

整体一层平面图

场地剖面图

　　但对"聚落"的思考路径往往与地产开发中的常规市场经验是有冲突的。常规的经验性规则都是基于市场客群调研的回应，很多的调研问题可能本身就缺乏引导性，大部分的客群也都是在既有认知下的一种选择。因此设计师一直在思考：地产模式下，传统行列式是不是当下社区规划的唯一可能？在山林自然环境中，社区的肌理有没有另外的可能性？

总平面图

规划策略

第一次到项目场地，设计团队强烈感受到了不规则的自然边界和坡地高差。直觉告诉设计师，一亩田不应该是一个常规的度假公寓社区，而应该是一个融合了度假社交新型生活方式、以居住空间为载体的田园聚落社区。

拿到任务书后经过测算，容量压力并不大，如果用足限高，多层公寓行列式是常规选择。但从地产销售维度看，一定是房子层数越少，单价越高，总货值越大。因此，设计师们说服业主放弃多层公寓模式，选择小尺度、高密度、组团式的布局方案。但在总图进一步推进中设计师发现，如果采用南北向行列式布局，受经验控制的空间构成所呈现的聚落形态过于几何化，与周边自然环境边界产生强烈的对立感，也就失去了空间本身的场所特征。

▲ 项目顶视图

▲ 建筑外观

首轮汇报后，业主营销端针对建筑布局的市场接受度提出了质疑。他们认为角对角的非常规布局对几乎标准化的市场来说可能是一场冒险， 希望回归到稳妥的南北向正交网格方案。

但设计师认为，产品的迭代突破一定是由使用方式和定位的变化而驱动的。在解决基本居住空间需求后，居住者还会有哪些进一步诉求？面积更大？房间更多？很显然都不是。在设计师看来，对于度假产品，首先注重的是与自然风景的互动关系，是新的生活方式引领下所创造的体验感。其次，作为度假产品，第二居所的评价维度是否应该和城市中的第一居所有差异？以刚需、改善以及收藏等为目的的人群是否有不同产品诉求？而园区提供的产品是否过于单一，过于依赖现实经验？

经过大家的充分讨论，业主也认同了设计师们的观点，同时也退让一步，尽可能让每一户朝南的角度更大。为了平衡多方利益，建筑师需要不断地尝试和实验，兼顾基地、朝向、视线、密度等。设计师们以 0.1m 为单位调整建筑之间的关系，几乎穷尽了设计的可能性，最终呈现出的"聚落"看似是随机的结果，实则是在三十余次修改后的精密测算。

建筑单体

随着中国经济与文化的崛起，大众对于建筑风格的喜好已由法式、西班牙式、地中海式等西方建筑风格转向中式风格。中式建筑的意向与中式构件的精致感使其在市场中的接受度极高。中式建筑在一众欧美风下重建话语权，也昭示中国民众日益回归和觉醒的文化自信。

新田园社区中有许多是城市精英对生活本源的回溯和对"诗意栖居"的向往。设计师们所认为的"诗意"不局限于田园风光和传统意蕴，也包括现代居住的审美、舒适度和安全感。因此，在单体层面，设计师们不希望以风格的复古怀旧为主导，而是尝试用当代的和当地的建筑材料、建造手段、建筑细节相结合的手法来转译传统聚落，以此回应人们心中的诗意性栖居。

建筑单体均为坡屋顶覆盖的长方体体量。屋顶采用传统双坡屋顶的直线形制，而非传统中式的曲线屋顶。屋顶形式共分两种——对坡屋顶与对角折面屋顶，分别对应客房与公共空间两种不同功能，丰富聚落内的建筑形体。

为了加强单体的市场销售竞争力，设计还考虑如何减少公摊面积、增加使用面积。在经过多方案比较后，最终确定了两幢公用三楼梯的方式，同时在中间段增设门厅公共空间。独立竖向交通体系更有利于建筑形体塑造，连廊也实现了公共与私密的连接。

▲ 建筑外观概览

建筑材料构造

针对各个建筑节点的构成部分，设计师们做了详细的研究，希望强调建筑的生长感和在地性。屋面平铺平板水泥瓦，与檐口的交接处采用标准化截面的铝板折边收口，一定程度上缓和了混凝土屋面的厚重感，提升了设计的精致感，也减少了各种瓦屋面的装饰配件，降低了成本。

▲ 墙面材料

墙面主要选用自然本土化的材料，以夯土、条石与竹材墙板为主，这三种材料的质感也最常见于传统聚落建筑中。

（1）夯土

设计师们先后尝试了原始夯土、夯土挂板、夯土涂料三种做法，结合成本控制及施工条件，最终采用了夯土涂料。构造上，设计师们在墙体保温外侧增设了一道120mm厚的墙体作为夯土涂料的基层，既能解决外保温外侧的施工难题，又增加了窗洞的深度，还原了夯土墙的厚重感。

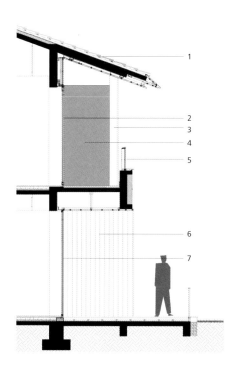

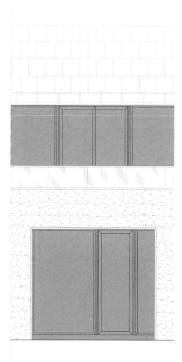

1. 石板瓦屋面
2. Low-E 中空玻璃门窗
3. 幕墙装饰立柱
4. 灰玻隔断
5. 玻璃栏板
6. 仿木纹铝板
7. Low-E 中空玻璃门窗

墙身大样图

▲ 建筑立面

▲ 书吧

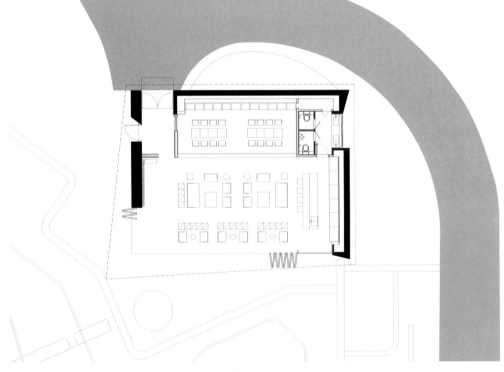

书吧平面图

▲ 夯土材料的建筑

　　在现场实施过程中，夯土的自然肌理感成为操作难点。为此设计师们提供了图纸用于控制尺寸，现场依据设计图纸用不同颜色层次的仿夯土涂料上墙，再根据墙体效果调整细节尺度，前后反复二十余次，直至呈现出真实生态的夯土纹理。

　　（2）条石

　　以片岩挂板的形式表现，同样在建筑围护墙体的防水保温层外侧增设120mm厚的装饰墙体，最后以"湿贴"的方式来解决外保温层外贴石片的牢固性问题。

▲ 夯土墙细部

▲ 石墙细部

　　在设计上希望以小洞口、实面墙为主的"石屋"来表现整体体量感，但实面过多会使得内部空间相对压抑。为此，设计师们在两者之间置入了一层半透的镂空墙，既能引入更多的自然光，也丰富了立面的趣味性。

　　（3）竹材

　　为了与"夯土""石屋"区别开，书吧等公共建筑主体采用黑色竹木板材。相较于常见的竹木原色板材，黑色竹木板材能够有效减少建筑在环境中的个性表达，更能融入周边的环境，也更适合野性的自然环境。工业化的黑色竹木墙板采用龙骨干挂于外墙表面，在建筑形式上表达公共空间的功能属性。

室内设计

　　在以家庭为单位的生活方式主导下，设计师们对室内的空间布局尽可能做到稳定且多变，来满足各个家庭的不同需求。将公共空间（客厅、活动场所）推向阳台，扩大活动范围，可以和室外田园直接互动；起居室等私密空间则后移至稳定区域，通过置入格栅与卫生间形成可分可合的两个部分，彼此独立，互不干扰。

▲ 客房室内外关系

▲ 客房内景

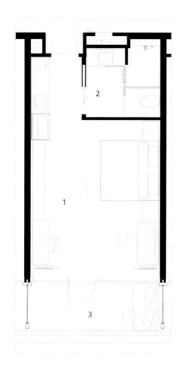

1. 客房
2. 浴室
3. 阳台

户型平面图

0　1　2　　　　5m

N

　　同时，室内设计也可以理解为建筑的内部衍生。室外墙体的夯土材料肌理向内延伸部分，经过漆面处理的硅藻泥涂料运用在内部立面装饰上，并结合木饰面、水磨石砖和暖白色肌理漆，顶面涂饰白色乳胶漆。木色的家具体系，整体呈现质朴而精致的居住环境，也表现出与城市居所不同的特殊韵味。

　　大面积的开窗使得通透的室内界面与室外田园风光构成空间的连贯性、层次感和伸手可触的尺度感。室内设计与建筑设计共同利用原始地形、环境、光线和景观，将田园生活方式融入生活的点滴细节中。

▲ 客房室内

▲ 室外露台

景观设计

"诗意的栖居"源于人对自由与自然的追求。景观设计的落脚点即是对自然场地的再创作。在原有坡地上，设计师们希望尽可能地减少对原土地的干预，在恢复可持续生长的生态环境后，以"负景观设计"的手法，就地取材取景，构建人与自然、人与人交流互动的新渠道。

设计首先解读场地内的高差变化，最终以自东南向西北、沿山坡而下的阶梯形式进行梳理，以此形成多层次、多序列的空间形式，可满足多种户外功能：上层聚拢式内向空间鼓励相互交流，下层开放式空间用于小憩和饱览稻田风光。

▲ 阶梯式景观对应场地高差

▲ 室外景观

体型结构修改了山坡原有的坡度。设计通过设置多阶挡土墙稳固山体，以减少施工中造成的水土流失和雨水冲刷对山脚农田的伤害。挡土墙根部设置了排水渠，引导地表径流。阶梯形的结构更利于雨水汇集，通过处理系统实现保水、蓄水、净水、用水循环，保护当地生态环境。

　　丰富的空间体量提供与当地种植模式相符的结构，在多年草本植物和当地经济作物之间进行轮耕，以修养土壤，提供可持续种植及发展潜在农业的可能性。引入的植物对场地环境具有优化意义，成片栽种较高的细叶针茅、狼尾草和花叶蒲苇，边界点缀婆婆纳、络石、落新妇等植株，以固土护坡，净化水质，形成简洁、舒畅的空间序列。

雨水/空调水引流

植物减少雨水蒸发

雨水收集后用于场地植物灌溉

阶梯减缓水流速度 增加渗透时间

利用坡度汇集多余雨水

雨水收集后用于场地植物灌溉

▲ 雨水收集利用示意图

设计师寄语

在类型同质化、标准化背景下，莫干溪谷一亩田度假社区突破地产模式经验性规则，以传统聚落为类型概念，以空间为新型生活方式的载体，以生活社交度假为情感联系，以文化传承引领社区升级，实现世外桃源式的新田园社区和地产开发肌理的另一种可能性。

▲ 夜幕下的建筑

建筑作为人工聚落的有机组成和生活方式的载体，不单单是功能与形式的集合，也孕育着有机的生命力。无论是尺度、质感、建造细节，还是人性化功能的引入，所传递出的诗意性不是刻意的风格表象、抽象的结构秩序，而是由空间体验所唤起的人的内在情感联系与归属感。

▲ 建筑与庭院

柯布西耶"住宅是居住的机器"的观念以标准化体系快速解决社会的基本需求问题，而在城市化进程中，部分城市人口开始从核心区外溢，以寻求更高品质的生活。居住产品不再局限于传统的住宅形式，度假社区、第二居所等新诉求的出现，迫使居住产品更多元化地迭代更新。从市场机遇来看，地产行业也正在从增量时代向存量时代转变，由粗放式建造转向更精细化的开发模式和运营方式，需要以设计为空间赋能，创造具有突破性的场景与体验。

▲ 建筑使用不同材质所产生的视觉碰撞

▲ 建筑鸟瞰

莫干溪谷一亩田度假社区是一次对新型生活社交度假载体的塑造和一次地产开发模式下的当代聚落重构。虽然在设计和施工过程中伴随着波折和插曲，但令人欣喜的是，它最终呈现出的聚落的有机形态和使用场景超出了预期，人们期许的"诗意的栖居"正在真实地发生着。

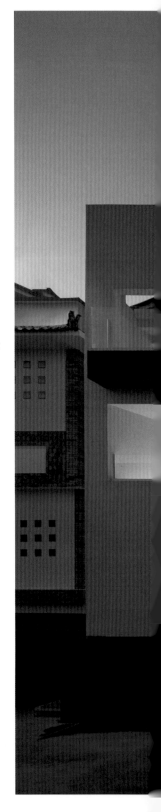

白平衡
设计师度假酒店

—— 白族姑娘在苍山脚下打造的白色浪漫居所

项目地点：云南省大理市

建筑面积：1200 ㎡

设计公司：杭州时上建筑空间设计事务所

主持设计师：沈墨、张建勇

灯光团队：杭州乐翰照明工程有限公司

摄影：叶松（瀚墨视觉）

业主：苏苏

▲ 白色的建筑外立面

项目建造背景

　　大理古城位于苍山之下，毗邻洱海。山与海的美丽景色相互环绕，让这座城市充满了独有的文化风情。房屋主人是土生土长的白族人，扎根于此，对这片土地有着深厚的热爱，因此特别邀请设计师共同打造了一家充满情怀的设计师酒店。

▲ 建筑外观

建筑与平衡

　　设计师在分析了原始建筑结构后，通过拆解重组生成新的建筑体块。按楼层进行功能划分，规划出地下停车场、地下室、公共空间、客房以及屋顶花园。酒店取名为白平衡，寓意着遵循与自然的平衡和默契。建筑与自然相互共生，在这片天地间自由生长。

▲ 建筑外立面局部

▲ 白色的建筑外立面

　　建筑外立面用白色涂料进行包裹，用隔栅做装饰，与不远处的苍山美景交相辉映，犹如一片从苍山飘落下的雪花。设计师走访了当地的人文与环境，发现古城内分布着错落的小巷，家家户户的院落内都有一面照壁。因此将原本的入口改为了从侧边进入的方式，增加了入户的仪式感。

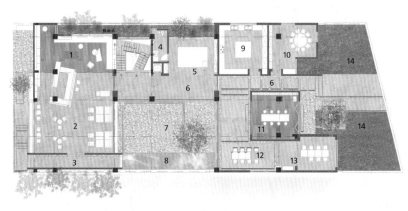

一层平面图

1. 书吧区
2. 餐吧区
3. 入户通道
4. 卫生间
5. 展示空间
6. 过道
7. 庭院
8. 水系
9. 厨房
10. 包厢
11. 茶室
12. 多功能厅
13. 休闲会议区
14. 花园

设计中的新与旧

"一水绕苍山，苍山抱古城"的概念始终贯穿着整个建筑设计，屋顶的水一直流向庭院以及地下室，犹如融化的雪水滋养着这片土地。

枯山水景观化成了另一种形象的山与海，呼应着苍山与洱海的存在，仿佛是当地人的精神信仰，感受一切来自自然的馈赠。庭院内的古茶树颇有来头，拥有着三百年的历史，与现代化的设计相碰撞焕发出了新生命。一片水景、静置的枯木与石块打造出一番"洱海"景色；光影洒向水面，为原本枯燥的地下室增添了几分灵动感。

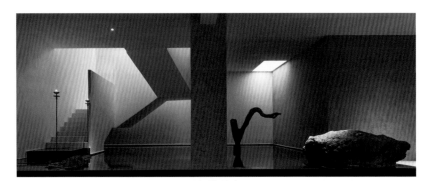

▲ 地下室

1. 水系
2. 储物间
3. 卫生间
4. 员工宿舍

地下室平面图

▲ 枯山水庭院

走在敞开式的一层空间，客人可以自由地穿梭于咖啡厅和书吧等区域。透过大落地玻璃，与街边的景色进行对话。转角处的西式壁炉与老木梁相结合，煤油灯作为装饰也恰到好处，现代化的生活方式与当地文化碰撞，使当代的年轻人对民族文化拥有了新的认知理解。

▲ 餐吧区

扎染是云南的一项特色工艺，在空间中植入这种纯粹的蓝色，与空间产生了新的化学反应。空间不仅用来休息，设计师希望在这里能展出当地的艺术品，展现民族文化的多元性。少数民族彩色的服装与能歌善舞的个性在这里一一被展现。空间内黑色的立体体块代表峻峭的雪山立在眼前，与之相对的是彩色的绘画，代表着彩云之南的浪漫与神秘。

▲ 展示区

▲ 茶室

普洱茶是云南的特产之一。茶室的设计以深色调为主，与墙面白色的月亮装置形成对比。面对远处的苍山，品尝当地的普洱茶，人们在这里感受独特的文化体验。

楼梯连接着空间内客人流动的方向，玻璃天窗让大理的蓝天白云映入室内。不用灯光的修饰，自然的光线是最好的设计。

▲ 楼梯间的天窗将天空的蓝色引入室内

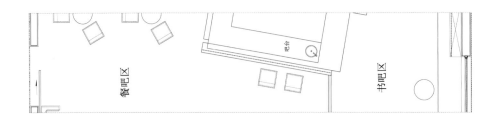

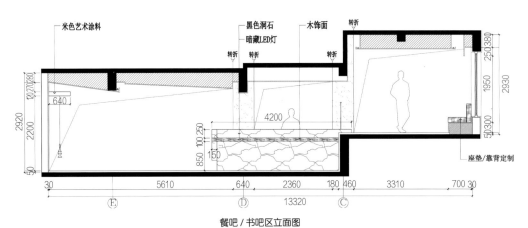

餐吧 / 书吧区立面图

▲ 书吧

客房设计宛如流动的画卷

十间客房均融入了当地的元素，如扎染工艺、雪山风景、溶洞景观等。让室内与室外互相对话，一扇扇窗户像是壮丽的画卷，望向远处的自然美景，感悟当下的满足与幸福。

每间客房都以专属色温号作为名称，通过色温号来传达白平衡的品牌内涵。米色涂料与蓝色肌理质感的体块碰撞。蓝色是传统的染料，也是天空与海的颜色，包罗着天地万象。

▲ 米色涂料与蓝色体块碰撞

1. 阳台
2. 卫生间
3. 布草间
4. 过道
5. A1 客房
6. A2 客房
7. A3 客房
8. A4 客房
9. A5 客房
10. A6 客房
11. A7 客房

二层平面图

▲ 拱形设计将溶洞景观融入室内

设计师通过拱形的结构设计，让云南独特的溶洞景观融入室内，光影交错间增加了时光的美感。圆形镂空的造型顶配上黄色灯带，模拟出月亮柔和的光线，使空间变得更加生动有趣。石块质感的墙面丰富了空间的层次，提升了原始自然的质感。

▲ 黄色灯带犹如发光的月亮

三层的景观房经过大落地玻璃的设计，可以看到远处的苍山美景，步入室外的阳台更加进一步接近自然。浴缸正对着大落地玻璃，尽情享受来自自然馈赠的生活方式。老木梁横穿建筑体块间，构筑出新的文化交流。

▲ 透过浴室落地窗可边泡澡边欣赏窗外美景

▲ 老木梁横穿建筑体块

▲ 三层客房内部空间

设计师寄语

设计师通过白平衡打造出一种适合当地的生活方式，希望旅人能在此停下脚步，用另一种方式来感受属于大理的静心时光。

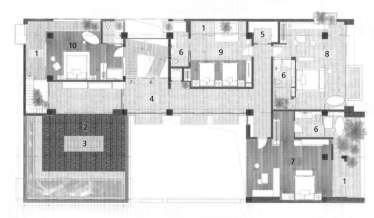

1. 阳台
2. 休闲阳台
3. 户外壁炉
4. 过道
5. 布草间
6. 卫生间
7. B1 客房
8. B2 客房
9. B3 客房
10. B4 客房

三层平面图

来野十二兽民宿

——沉睡在山林中的野兽派建筑

项目地点： 浙江省湖州市霞幕山

建筑面积： 1700 ㎡

设计公司： 杭州时上建筑空间设计事务所

主持设计师： 沈墨、叶成杰

灯光团队： 杭州乐翰照明工程有限公司

施工单位： 浙江佳诚邦闳建设有限公司

摄影： 壹高（瀚墨视觉）

业主： 湖州来野酒店管理有限公司

▲ 建筑夜景

项目建造背景

　　来野十二兽民宿为来野系列民宿的二期项目。在设计上，它延续了来野一期"自然、野趣"的品牌文化。二期来到了湖州霞幕山的一片山林间，周边皆是崇山野岭，扩大的场地让这间民宿得以尽情释放野性，犹如沉睡在林中的一只野兽。

▲ 项目概览

野兽派风格的建筑

　　野兽派建筑（brutalist architecture）是 20 世纪中叶非常流行的一种建筑风格，尤其是在民间项目和公共建筑中，以野兽派雕塑的形式确立了人们对建筑材料和结构特征的特殊欣赏视角。视觉上带有几何线条的高层建筑、坚固的混凝土框架、夸张的楼板、双层高的天花板、巨大的禁忌墙、裸露的混凝土和主要是单色的调色板，野兽派建筑将功能优先于形式，并将简约置于浮华的设计之上。

▲ 建筑局部

▲ 从草坪看向建筑

经过一片树林与草地，来野十二兽建筑赫然出现在眼前。设计师将建筑比拟成动物粗犷自然的居住空间，抽象出几何形不规则体块。不同于平直的线条，三角形的棱角构造带给建筑极强的视觉张力。

在建筑外立面的设计中，设计师增加了许多视野的考量，通过落地玻璃与体块结合，每一间客房都能看到室外的好风景。

▲ 三角形构造

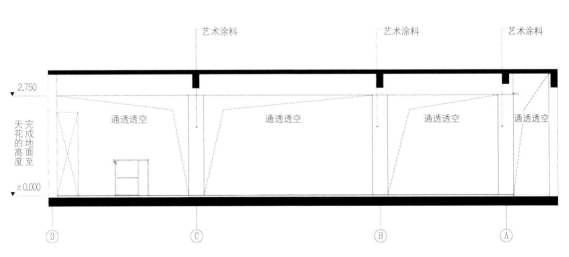

立面图

　　从建筑结构延伸出的三角形体块犹如动物的尾巴，使建筑瞬间活了起来，与周边山野产生互动。

　　入口处设置了一条长长的汀步道，增加了入户的仪式感，镜像的水面将建筑的倒影拉长，仿佛与天地融为一体。经过入口的三角形体块，光线延伸在墙面上，这是来自大自然的洗礼，准备好进入另一个奇妙的空间。

▲ 入口汀步

▲ 入口近景

▲ 一层公区

室内公区设计：万物有灵

　　设计师将建筑的设计手法统一运用于室内，维持其设计的秩序和逻辑，做到室内外的统一，通过水系及建筑体块的延伸，营造出大自然"水何澹澹，山岛竦峙"的景观。圆洞打破三角形体块的沉闷感，宠物成为这里的主角，也可供打卡拍照。

　　不同体块的构造将光线自然引入室内，实现室内与室外的和谐对话，悠然自得地在山林间遨游。

▲ 落地玻璃将室内外自然过渡

▲ 建筑入口

▲ 公区休闲空间

▲ 室内光影流动

　　几何形体块的柱面由动物的四只脚解构而来，丰富空间的层次。大面积灰色涂料展现出空间的静谧色彩，让光影自由流动。

　　挑空式楼梯如一个巨大的雕塑装置，为空间增添了艺术气息。穿插的体块像是一条盘旋的飞龙，顶部开窗让龙自由地来去，穿梭在整个建筑中。空间瞬间灵动万分，传递出对万物有灵的敬畏感。

▲ 挑空式楼梯

通向地下一层的楼梯呈现出大阶梯式的分布，可以在这里举办多人的文化活动。地下空间分布着茶室、餐厅、烘焙间、台球室、影视厅、后勤区以及草坪露营区，为客人提供多样化的活动空间。

名为"拾贰"的梅花鹿自由地在林间穿梭，等待着与客人的互动，野趣感进一步升级。

▲ 等待与客人互动的梅花鹿

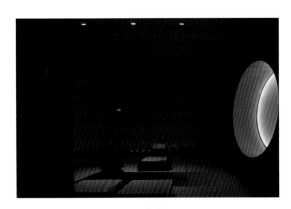

▲ 茶室

▲ 餐厅

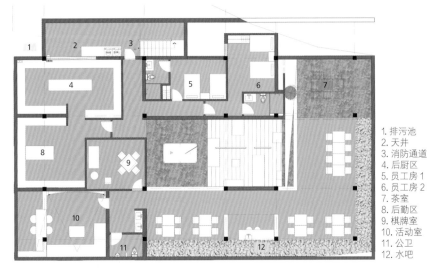

1. 排污池
2. 天井
3. 消防通道
4. 后厨区
5. 员工房 1
6. 员工房 2
7. 茶室
8. 后勤区
9. 棋牌室
10. 活动室
11. 公卫
12. 水吧

地下一层平面图

以十二生肖命名的客房

对于来野的十二间客房，设计师深入了解动物的生活习性及特点，从细微处体现特色，让客房在不同中又处处充满着和谐。每间客房的风景视野独特，使人进一步感受睡在山林中的乐趣。

▲ 子时房（鼠）

根据鼠的生活环境，选用以黑色为主视觉元素，搭配线性灯带，让房间呈现出神秘又温暖的质感。墙面上开出的洞口模拟老鼠出入的轨迹。宠物与小孩可以在这里自由进出。

▲ 丑时房（牛）

从黄牛健壮的体态解构出夸张的造型体块。房间内包裹着木饰面，质朴纯净，犹如黄牛的性格般沉稳与安静。结构与颜色的搭配让一切显得恰到好处。

▲ 寅时房（虎）

设计师将原本的立柱变成两根尖长的"獠牙"。黄色的金属漆取自老虎皮毛的色彩，还原出老虎"百兽之王"的威武气魄。在"虎口"中泡澡像是一场别开生面的有趣冒险。

兔子的纯洁让空间以一片白色呈现。硕大的兔耳朵体块与落地玻璃相互构成，映出远处苍翠的群山风景，使人拥有睡在山林中的体验。

▲ 卯时房（兔）

通过波光粼粼的材质呈现出龙鳞片的质感。材质的碰撞加深了空间的氛围感。圆弧形体块构造相互连接，展现出龙盘旋的身形姿态。在泡池中沐浴，享受尊贵的体验。

▲ 辰时房（龙）

抽象出蛇棱角分明的造型，选用铝合金材质呈现其锋芒。而米白色的床品则增加了视觉效果。望向远处的风景，一切烦恼消失殆尽。

▲ 巳时房（蛇）

　　木的材质展现出马儿温和的性格，细长的"四肢"有力地支撑起空间，落地玻璃窗边的浴缸无时无刻不在体现一种向往自然的生活方式。

▲ 午时房（马）

▲ 未时房（羊）

▲ 申时房（猴）

　　申时房（猴）是 loft 亲子房，拥有纵向的活动空间以及独立的院落，呈现出猴子在高耸的树丛中跳跃的习性。从室内到室外，尽情释放天性。

　　山羊角弯曲的造型置于顶部，黑白的配色展示出山羊勇于冒险、勇往直前的个性，让空间显得酷劲十足。

▲ 酉时房（鸡）

抽象出鸡冠的造型与空间体块结合，犹如积木般充满趣味感，激发小孩的想象力。圆形空间的灵感来自鸡宝宝的窝，温馨而富有童趣。

▲ 戌时房（狗）

狗是人类忠诚的伙伴，它们性格憨厚朴实。除去夸张的造型结构，呈现出宁静的视觉感受。

猪的通体粉色和圆圆的鼻孔，设计师以此作为一面隔断造型墙。小孩子在这里玩耍嬉戏，妙趣横生。

▲ 亥时房（猪）

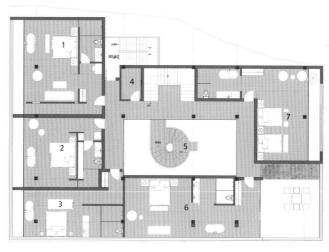

1. 子时房（56m²）
2. 巳时房（56m²）
3. 卯时房（45m²）
4. 布草间
5. 景观挑空区
6. 寅时房（90m²）
7. 戌时房（42m²）

三层平面图

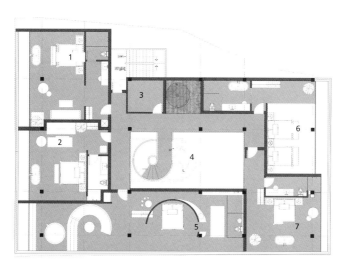

1. 丑时房（56m²）
2. 未时房（51m²）
3. 布草间
4. 景观挑空区
5. 辰时房（90m²）
6. 亥时房（42m²）
7. 午时房（40m²）

二层平面图

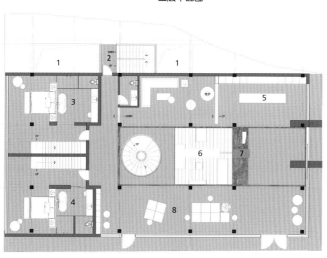

1. 天井
2. 消防通道
3. 申时 loft 房（50m²）
4. 酉时 loft 房（50m²）
5. 前台接待区
6. 景观 / 宠物互动区
7. 浅水系
8. 休闲区

一层平面图

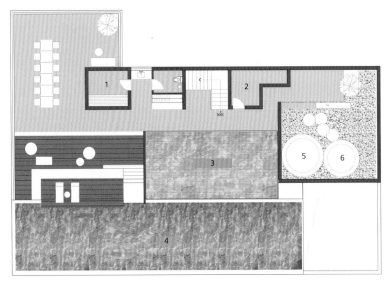

1. 桑拿间
2. 设备间
3. 浅水系 / 挑空区
4. 泳池
5. 蓄水池
6. 温泉

顶层平面图

人与自然结合的探索

　　顶层空间是一片露天的无边泳池，泳池中嵌入一条长 T 台，人们可以在自然中尽情开展走秀与派对，找寻人与自然结合的内在意义。

　　夜幕降临，民宿如同一只野兽在山林间沉睡，温暖的灯光像呼吸般深沉而安静。

▲ 建筑与周边自然环境

▲ 建筑夜景

发电站
改造的溪边餐厅
——江南古村落里的食尚空间

项目地点： 浙江省宁波市奉化区栖霞坑村
建筑面积： 423.7 ㎡
设计单位： 尌林建筑设计事务所
主持建筑师： 陈林、刘东英
室内建筑师： 张爱云
结构设计： 陈立文
设计顾问： 厦门市天堂海岛文化旅游开发有限公司
施工单位： 宁波佳华建筑装饰工程有限公司
建筑摄影： 吴昂
业主： 宁波栖沄旅游文化发展有限公司

▲ 透过桥洞看餐厅

项目所在地自然环境

　　栖霞坑村位于奉化溪口镇，是栖霞坑古道的起始点。狭窄古道密林遮道，群山环抱，峡谷幽长，原称桃花坑，后改名为栖霞坑，一到秋天，满山的红枫秋叶。村子处于山坳之中，民居沿着溪流两侧分布，小桥流水、清泉溪流、古树古桥、炊烟袅袅，很有江南古村落的韵味。

▲ 俯瞰餐厅与村落的关系

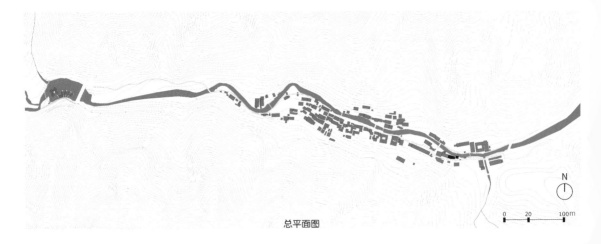

总平面图

▲ 水库

▲ 餐厅临街立面

　　自驾前往栖霞坑村，下高速之后途经一段山路，环绕水库十几分钟，沿途并无村庄。天气好的时候湖面波光粼粼，远山环抱，景色宜人。

　　餐厅作为该村文旅民宿综合体配套公区的一部分，位于进村就能看到的溪边，由一个发电站改造加建而成。进村道路不宽，只有3m左右，一侧是高起来的地形石坎。为保持街道的整体性，设计师们将建筑的外边界线控制在老建筑的边界内。餐厅的正立面朝向村道，建筑的一层用整体的大玻璃面向街道打开，沿用老房子的界面往里退让。大玻璃面让建筑的一层空间和街道之间发生更多紧密的关系，里外互动，空间渗透。同时过往的路人也能轻松地关注到餐厅水吧空间，很自然地被吸引进来。

▲ 溪边的餐厅

▲ 紧邻村道的餐厅酒吧

▲ 傍晚的餐厅

生动有趣的建筑形式

　　餐厅建在溪边一个梯形的地块上，由于使用面积紧张，设计师们选择把建筑的边界撑满整个场地。因此建筑的形体也是一个不规则的梯形，平面上看只有一个角是直角。屋顶的屋脊与道路的边界平行，屋顶的檐口一侧水平，另一侧则变成了"斜刘海"。这种屋顶形态在村里随处可见，由于地形的关系，许多老房子都采用这种斜的屋檐。不那么正的屋檐与溪流及周边的建筑形成了非常生动有趣的关系，使餐厅犹如长久生长于此。

▲ 现场原始地形关系

▲ 沿着溪边布置的餐厅和老房子

▲ 餐厅与旁边民居的关系

▲ 发电站原始样貌

　　原场地的发电站是一个两层的房子，体量厚重，与村落整体的氛围有很大差异。于是设计师们选择拆除发电站的上半部分，重新调整建筑的层高，降低一层的高度，做成下沉式空间。建筑顶部增加了一个半室外的空间，没有封闭的立面，同时在屋顶开了两个大尺度的天窗，让空间向自然敞开。同时也利用结构设计转换，让屋顶空间整体变轻。采用这种设计手法的缘由是遵循了村落环境所带来的最直观感受。

▲ 材料关系和构造细节

▲ 改造后的发电站

▲ 开了大天窗的屋顶半室外空间

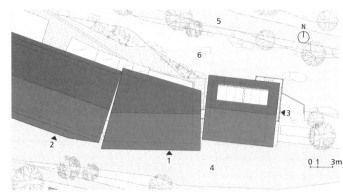

1. 主入口
2. 后厨入口
3. 酒吧入口
4. 主村道
5. 道路
6. 河流

屋顶平面图

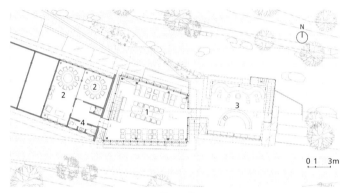

1. 餐厅
2. 包厢
3. 户外平台
4. 卫生间

二层平面图

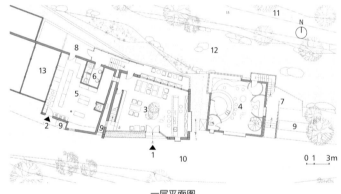

1. 主入口
2. 后厨入口
3. 餐厅
4. 酒吧
5. 厨房
6. 卫生间
7. 户外平台
8. 设备平台
9. 设备
10. 主村道
11. 道路
12. 河流
13. 其他房屋

一层平面图

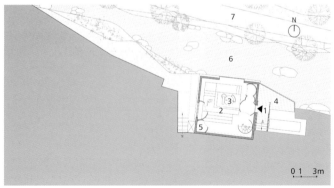

1. 酒吧入口
2. 酒吧
3. 发电机
4. 户外平台
5. 设备
6. 河流
7. 道路

地下室平面图

转换与连接

（1）记忆的嫁接

发电站是村里具有时代意义的一个符号。如今发电站已弃用多年，失去了功能性和使用价值。设计师将其改造成一个小酒吧与餐厅串联起来，保留的发电机则作为一种凝结时间的象征。

▲ 发动机原始照片

▲ 酒吧一层保留的发电机

▲ 下沉式的酒吧一层空间

记忆的留存是乡村永恒的话题，没有了记忆便没有了文化。人们经常讨论文化传承，修复传统建筑保留其外壳或许是保留了物质遗产，但生活的记忆应由更具象征性的方式传承。乡村未来或许会进入预制化建造、节能环保、社区集中规划等发展模式，但同质化、产品化是需要警惕的。因地制宜，制造差异化生活方式的场所，保持在地特征，是设计师们认为的更优的建设乡村和传承文化记忆的方式。

▲ 建筑与村子的关系

设计师们对村里的老房子做了统计分析研究，发现了一种共性：大部分的形态逻辑和材料关系都是类似的。一层正立面是木头的墙体和门窗，填充在木结构内，上下分层的结构，中间会有一层单坡屋顶批檐，一层界面内退，形成灰空间，二层平齐结构，但界面都在大的檐口里面。在江浙一带，木头的部分多会在屋檐以内，避免被雨水直接淋到。

▲ 与民居的立面关系

（2）结构的转换

设计师们希望餐厅的一层是一个无柱的大空间。为保证空间通透完整而采用了结构柱错位的方式，保证有两个面是完整的。建筑二层的外立面是通透的木框玻璃界面，结构和立面体系分离，门架式的钢结构体系内退，落在一层的梁上。屋顶上钢木结构混合搭接，实现了钢结构与木结构的融合与转换。

▲ 餐厅局部

▲ 餐厅二层立面开窗

▲ 一层水吧餐饮无柱大空间

▲ 施工过程照片

▲ 二楼结构与立面分离的餐厅室内空间

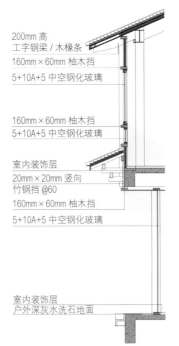

200mm 高
工字钢梁 / 木椽条
160mm×60mm 柚木挡
5+10A+5 中空钢化玻璃

160mm×60mm 柚木挡
5+10A+5 中空钢化玻璃

室内装饰层
20mm×20mm 竖向
竹钢挡 @60
160mm×60mm 柚木挡
5+10A+5 中空钢化玻璃

室内装饰层
户外深灰水洗石地面

墙身图

▲ 建筑由重转轻的形式

▲ 建筑立面细节

餐厅面积不大，结构形式和建造关系却相对复杂。酒吧空间保留了发电站厚实的混凝土基座，再用混凝土框架体系向上搭建。至屋顶层结构又转换成了纤细的钢结构，立柱由一根大钢柱拆分成两根小的方钢柱，使结构消隐。

从混凝土结构到钢结构再到木结构，建筑实现了由重到轻的结构转化。乡村建造让设计师们更加大胆地去尝试各种可能性，也让建筑的建造活动变得更加接近真实，更加契合当下乡村的发展。

▲ 轻巧的钢结构转换
与格栅形式语言一致

▲ 现场处理空间中钢结构构件和木结构屋面之间的关系

（3）体验的转换

在前期方案的设计中，最大的难题还是如何在如此小的用地里实现三个空间既连接又独立。餐厅的核心空间是新建建筑，位于两栋旧建筑的中间。餐厅的标高需要平衡左右两边的尺寸，一边连接老房子的包厢空间和厨房配套用房，另一边连接改造的发电站休闲酒吧。

▲ 休闲酒吧外挂楼梯

▲ 相互连接的三栋建筑

▲ 老房子改造的包厢

乡村的未来应该是越来越多元化、差异化，更加注重体验。设计团队倾向于开放每个空间使用功能的可能性，灵活多变或许能实现更高的利用率。从老房子到餐厅再到半室外露台空间，不同的空间状态给人以不断变化的身心体验：人的身体从被包裹的状态转变成释放的状态，同时也契合了不同空间的使用属性。空间所表达出来的状态不仅是空间本身，也影响着人的感官体验和行为经验。

▲ 餐厅二层与半室外露台相连

发电站酒吧的基座标高很低，进入即是一个下沉式的环绕发电机的空间。利用高差关系，酒吧顶层做了一个半室外的活动空间，与餐厅二层相连，可作为餐厅空间的延伸，进行复合功能的使用。外挂楼梯将酒吧和餐厅串联起来，弱化了功能之间的边界，使两个空间既联动又独立，实现灵活使用，空间共享。

▲ 开放的半室外露台空间

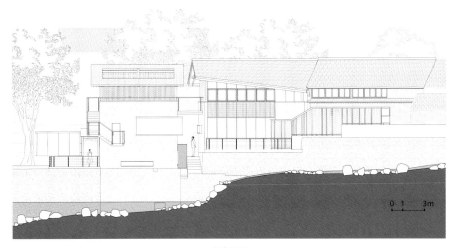

北立面图

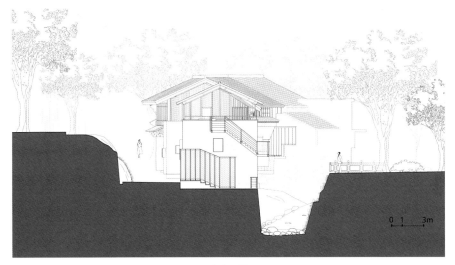

东立面图

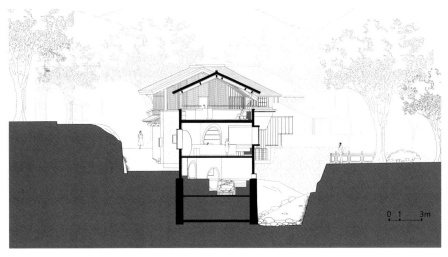

剖面图

餐厅与老房子的对话

　　与既有的环境互动，在无论面积多小的建筑中都是极其重要的。环境自有气场，不同的周边环境造就了不同的建筑，忽视不同的场地特征所建造的建筑只能被称为满足使用需求的产品，而失去了丰富多样的生动可能。在丰富的环境条件下做建筑是令人欣喜的，周边的道路、树木、溪流、古桥、老房子、竹林、山等，将这些要素都考虑到建筑的设计中来，从而打造出表情多样、充满活力的建筑。

▲ 村里的古石桥和老樟树

▲ 餐厅与老房子对话

▲ 透过古桥洞看到餐厅酒吧

▲ 从酒吧窗口看石墙和老房子

　　"你站在桥上看风景，看风景人在楼上看你。"事物之间相互依存、相互关联，才让生活充满诗意。在古桥上回看餐厅，餐厅是一道风景，同时在餐厅室内又能将老樟树和古桥溪流尽收眼底。人与人之间既有距离感，又通过看与被看联结，在空间的表达中加入这种关系也是趣味所在。

造房子

　　本项目的业主是福建人，以前做过酒吧、家具厂，也卖过房子，人生阅历非常丰富，拥有对于生活情趣的向往，以及不急不慢、有条不紊的性格特质。这使他对饮食非常讲究，每餐都要煲汤。设计师们每次去到现场都能吃到业主研发的新菜。餐厅施工的工人也是从福建调过来的，做事情比较细心，尤其是木作方面的经验丰富。建筑和室内的木作工程都是在现场施工制作，施工精度跟在工厂做的差不多，最后呈现出了精致的细节和令人满意的完成效果。油漆颜色做了很多样板，设计师们不希望颜色太浅太黄，又不能闷，所以是先做了一遍色之后，又改了一遍，才达到了目前的颜色效果。最后呈现出的颜色和氛围还是比较舒服的。

▲ 油漆颜色样板

▲ 施工现场沟通

军械库咖啡

——与树和老土墙共生的建筑

项目地点：山西省长治市沁源县沁河镇韩洪沟村

建筑面积：170 ㎡

建筑、室内设计：三文建筑

主持建筑师：何崴、陈龙

团队成员：梁筑寓、桑婉晨、刘明阳、曹诗晴、赵馨泽、李俊琪、张浩然（实习）

项目顾问：周榕、廉毅锐

驻场工程师：刘卫东

摄影：金伟琦、三文建筑

业主：沁源县沁河镇人民政府

▲ 新建筑围绕老土墙布置

选址，空间和叙事的双重需要

　　项目始于场地的选取。与设计团队的大部分项目一样，场地并不是指定的，而是在踏勘过程中精心挑选的结果。韩洪沟村呈一个狭长的梭子形，项目场地位于韩洪沟村中后部，前面是村中的沟渠和空地。因为正好处于地理长轴的中线上，所以场地很自然地成为视线的焦点，也是观赏村庄中心景观最理想的位置。选择在这里设立休闲性的公共建筑，其逻辑类似于中国传统园林中亭或轩榭的设立，既是观景的落脚点，也是被看的景观主体。

▲ 韩洪沟村鸟瞰

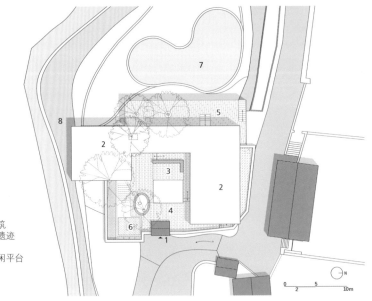

1. 入口
2. 新建建筑
3. 旧建筑遗迹
4. 庭院
5. 户外休闲平台
6. 篝火区
7. 池塘
8. 水溪

总平面图

　　项目场地是村中的废弃宅基地，相传曾是抗战时期太岳军区枪械修理局所在地。原有房屋已经大部分坍塌，只剩半间土房和基址，现存的院门也是后来根据当地民居形式复建的。枪械修理局的戏剧性主题也是选择这里的原因之一，它为后续设计语言的选择提供了依据。

▲ 从村路俯视咖啡厅

▲ 雪中的咖啡厅

▲ 咖啡厅鸟瞰

空间布局，与树和老土房共生

场地中最明显，也最吸引人的元素是残留的半间老土房和参差的树。

老土房已经倒塌了一半，残留的半间给人一种凝固的时间感，但又不是悲凉。由于院子中主要的房屋已经全部倒塌，只剩基址，因此场地中的树就成为视觉和空间的另一个主体。此处树的品种并不名贵，树形瘦高，树干呈黑色，如同一排杆子，插在场地中。它们很自然地成为从远处观看场地的前景。在一组竖直的"杆子"中有一个异类——场地中央一棵严重倾斜的树，树干与地面的角度几乎是30°，给人一种不真实的"摇滚"感，增加了场地的戏剧性。

▲ 老土房和倾斜的树是庭院中的焦点

在观察完场地后，建筑师决定保留半间土房和树，并以它们为基点，构建新的空间关系。新建筑避让老房子和树，呈L字形，"L"的里侧是半间土房，新建筑半围合老房子。"L"的长边外侧是那排竖直的树，它们构成了建筑前面的剪影。"摇滚树"被保留，仍旧倾斜着指向建筑。在建筑师的想象中，孩子们可以调皮地顺着倾斜的树干走上去，再从半高处跳下来，这本就是童年生活的一部分。

施工完成后，在新旧建筑之间，建筑与树木之间形成了一种共生关系。它们彼此交错，达成了新的平衡。

▲ 从院门看完成后的建筑

▲ 咖啡厅西侧的水池和沙坑

▲ 庭院夜景

建筑，乡土与时尚共存

建筑为一层，强调水平方向的表达：平屋顶、室外平台和出挑的檐口设计都使建筑看上去很舒展。从远处看，建筑的水平线和树的垂直线形成了一种十字相交的关系，强化了建筑与树之间的图底关系。

建筑立面的开合遵循视线和景观的逻辑。外侧立面，面向中心景观的部分开放，落地玻璃的设计将室外景色引入建筑，建筑和环境的界面也被透明材料柔化，使视线得以在室内外渗透。朝向道路的墙面相对封闭，采用当地传统的垒石工艺完成。面向内院的立面则以半间土房为核心，靠近它的部分为落地玻璃，远离老房子的立面则以封闭墙体为主。

在功能上，新建筑是咖啡厅和水吧，它为韩洪沟村的客人提供了主要的公共休闲场所。为了保护场地中的树，建筑室内分为两个区域，两个区域之间是一个半开放的灰空间，一棵树从中间穿出。

新建筑在服务外来客人之余，也给村庄带来了生机，为老村增添了时尚的气氛。

建筑主体结构为钢结构，外立面材料主要为玻璃和毛石。钢结构既可以保证施工的速度，又可避免新建筑对树木的影响。毛石是当地传统建筑的典型特色，它有利于新建筑与场所之间建立一种时间和空间上的文脉联系。

室内，硬朗但不冷漠

因为建筑的前身曾经是抗战时期的枪械修理局，军事自然成为室内设计的主题。室内并不复杂，也不追求细腻的奢华感。地面和墙面主要采用红砖，利用了砖良好的尺度，半手工的质感和温暖的体感中和了钢和玻璃的冰冷。地面在局部区域选用了橄榄绿釉面瓷砖，与红砖形成色彩和质感上的对比，活跃了气氛。吧台和固定座席使用水泥抹灰，配合工业感的桌椅、弹药箱造型的坐凳，以及暴露的屋顶设备管线，使空间给人硬朗的气质。灯光设计选用裸露灯泡的处理，暖黄色的光、略微刺眼的眩光，都暗示了空间的休闲属性。

▲ 红砖、绿色瓷砖，军事主题的家具定义了室内的基调

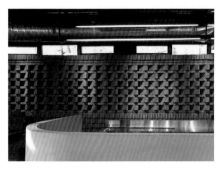

▲ 吧台区细部

▲ 咖啡厅室内外视线之间的交流

外部空间，满足多元使用诉求

建筑外部空间由院落和室外平台区域两部分组成。

院落不大，新建筑位于院落西北部，建筑入口的灰空间为客人提供户外小坐的可能性。老土房和"摇滚树"在院子中间，可看可玩。院落东南角设立烧烤池和室外座席，可以供多人在户外聚会烧烤。夜晚，吃着烤串，喝着啤酒，仰望星空，很惬意。

新建筑西面靠近水池的区域，设计了室外木平台和沙坑。木平台可供客人在室外落座，沙坑则是孩子们玩耍的天堂。

▲ 咖啡厅为乡村提供了休闲的场所

意外：老房子的破损和偶得

咖啡厅于 2020 年 7 月初步建成，开始试运行接待顾客。但正如古语所说，"好事多磨"，沁源县遇到了几十年不遇的雨季，连续近 2 个月的阴雨天气使村中的很多老土房都开始出现破损，甚至有些房屋因为屋顶漏雨而坍塌。咖啡厅院子里的老土房也没能幸免。8 月底，工人发现老土房的墙角开始出现裂缝，墙体开始倾斜。虽然全力抢修，但不幸的是土墙的开裂和倾斜并没有停止。无奈之下，为了保证安全，只能拆除屋顶和部分墙体。

但这并没有完全抹去老土房的痕迹，在建筑师的要求下，保留了下半部分土墙。它与原来设计的小沙坑一起形成了供儿童游戏的活动场地。被"降低"的墙体意外地将新建筑暴露出来，并使内院空间更为舒朗。未来，建筑师仍然会对老土墙进行保护和再利用，但当下的状态的确是一种偶得。有时候，建筑就是如此，一切皆有可能，塞翁失马，焉知非福。

崖顶茶吧

——老厂区里的现代化休闲茶吧

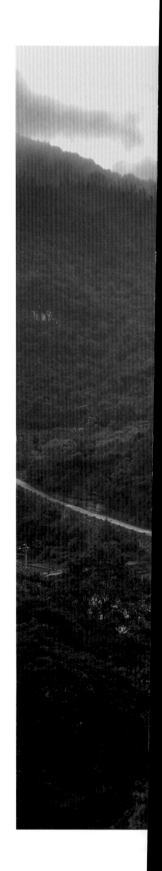

项目地点：湖北省宜昌市

建筑面积：120 ㎡

建筑及室内设计：三文建筑

主创建筑师：何崴、陈龙

团队成员：赵卓然、李强、宋珂、张天偃、李星露、桑婉晨、
吴前铖（实习）、黄士林（实习）、周奇（实习）、李婉（实习）

结构顾问：潘从建

照明设计：清华大学建筑学院张昕工作室

团队成员：张昕、韩晓伟、赵晓波、王丹、宋柏宜、陶龙军

合作单位：北京华巨建筑规划设计院有限公司、北京鸿尚国
际设计有限公司

摄影：此间建筑摄影

业主：宜昌交旅集团

▲ 崖顶茶吧

背景和场地：废弃工厂内的绝美之地

工厂遗址位于湖北省宜昌市郊的下牢溪中，距离市区约 30 分钟车程，曾经是老三线工厂，1990 年后逐渐停产并废弃。项目用地面积约 3hm²，建筑总面积约 1.3 万平方米，整体项目旨在通过对这个废弃工厂的改造和再利用，在保护和展现建筑原始面貌的同时，形成新的使用功能，使废弃工业设施复活，进入当代生活。厂区内建筑分为酒店部分及配套娱乐部分。酒店部分由大堂、艺术展厅、四栋客房、西餐厅组成；配套娱乐部分由接待中心、中餐厅、书吧、时光礼堂、亲子活动中心及崖顶茶吧组成。其中新建的崖顶茶吧因其特殊的选址和轻盈的气质，成为厂区内较为引人注目的建筑。

崖顶茶吧的选址位于厂区西南的山坡上，一侧为平缓的坡地连接厂区内的酒店建筑群，另一侧则由于山体被河流侵蚀，形成了喀斯特地貌特有的陡峭悬崖。此处自然环境优美，站在崖口向西眺望下牢溪上游，可以看到绝佳的风景，是厂区内难得的一处自然风光的"绝美之地"。更令设计团队印象深刻的是，站在山崖下的小溪边，溪水、石崖和山顶的植被组成了一幅极具美感的画面。

▲ 远景

▲ 园区鸟瞰

　　场地选址位于半山腰，属于厂区内活动流线的端头，具有很强的私密性。从客房方向来到选址地，需要向上爬一段山路，这段向上的步行道路，加强了场地的神秘感。建筑的具体选址，既要尽可能靠近崖边以获得更好的视野，又要保证安全，这给设计及施工团队带来了极大的挑战。经过严格的灾害排查和地质勘测，建筑被选址于山崖岩石边缘内退3m处。刨去表面土层，地基是坚硬的石灰岩层，具有良好的承载力，在保证房屋安全的前提下最大限度地提供了良好的建筑视野。

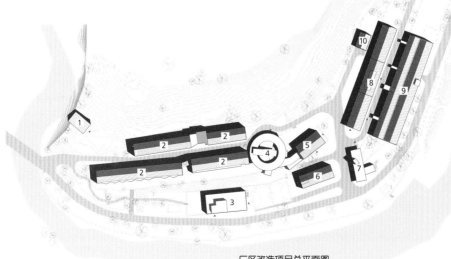

1. 崖顶茶吧
2. 客房楼
3. 中餐厅
4. 大堂
5. 西餐厅
6. 多功能厅
7. 书吧
8. 自然工坊
9. 亲子活动中心
10. 礼堂
11. 游客服务中心

0 5 10　20　30　　　50m

厂区改造项目总平面图

建筑设计：轻盈与灵动

2016 年，业主曾经在项目规划时提出在厂区内创造 50 个"吸引眼球的拍照点"的想法，而崖顶茶吧则被视为这些点中的重中之重。设计团队希望通过崖顶建筑的设计，改变旧工厂的沉闷氛围，从而激发老厂区的生命力。建筑的功能被定义为休闲茶吧，供入住及参观的旅客休闲、饮茶、观景。落成后，它将成为厂区内相对私密、幽静的休闲空间，同时具有整个厂区内最好的自然环境资源和观景面，为整个厂区提供一处具有品位和调性的精致生活场所。

设计的出发点是对"繁与简""轻与重"两对变量的思考。建筑的体量设计从最简单的长方体出发，长方体长边垂直于悬崖边缘，整体向悬崖外挑出约 3m，长方体底部由钢柱支撑架空，形成了悬浮于悬崖之上的视觉效果。根据建筑 4 个观景面的景观效果好坏，设计团队将长方体顶面西南角及东北角的顶点高度进行提升，降低西北及东南角的顶点高度。此举使建筑体块原有的 4 个长方形立面转变成为 4 个不同的梯形立面，西、南两面较大，东、北两面较小。由顶面不同斜度的四边放样形成一个扭转曲面，使得原本简单的建筑体块变得灵动。对建筑体块的推敲从"简单"出发，以"简单"设计手法产生"复杂和生动"的视觉效果，令建筑和周边环境达到既整体又生动的动态平衡。

▲ 从山坡上看建筑

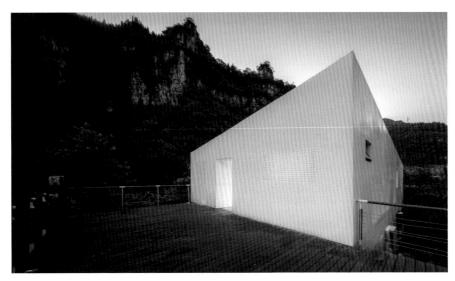

▲ 穿孔立面及入口

为了表达建筑在环境中"轻"的状态，设计团队选择了玻璃及白色铝板作为建筑外观材料。东侧、北侧立面及屋顶使用了白色铝板，视觉上对建筑体块形成包裹；西侧及南侧立面则选择了大面积的玻璃幕墙，为室内空间提供了连续的观景面。建筑整体由 8 根钢柱支撑，西侧和南侧都有巨大的悬挑，再加上建筑底部灌木的遮挡，使建筑达到了如同悬浮于空中的效果。建筑照明以内透光为主，仅在铝板穿孔部分后设置光源，在夜晚形成独特的图案。

剖面透视图

▲ "Z"字形分布的钢板梁随着屋面的扭动而变化

室内空间：简约清新，平中有奇

　　设计团队认为在这样的自然环境中，建筑室内空间应该是平静且简约的，不应该因为过于繁复而影响人们观赏窗外的自然美景。崖顶茶吧的室内采用了白色和木色作为主基调，墙面和顶面均为简单的白色，地面采用浅木色地板，舒适且温馨。阳光透过巨大的玻璃幕墙洒下，将美景引入室内空间。

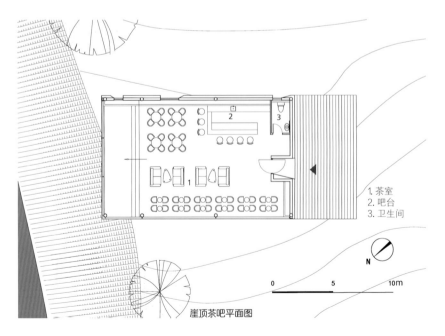

1. 茶室
2. 吧台
3. 卫生间

崖顶茶吧平面图

建筑室内功能分别为茶厅、吧台区、卫生间、杂物间。茶厅部分在靠近西侧设置了高差，形成了向西观景的阶梯，也划分出相对独立的区域，给空间带来变化。空间内的家具也选择了相对舒适的布艺沙发和单人座椅，辅以少量的重点照明，烘托了空间清新宁静的休闲氛围。

室内屋顶的结构暴露，充分展示了空间与结构一体化设计的魅力。"Z"字形分布的钢板梁随着屋面的扭动而变化，形成三维曲面的效果，成为空间的主角。在设计屋顶的过程中，设计团队采用了巧妙的构思方法：虽然顶面最终的效果是扭动的曲面，但却是由直线旋转放样而成的，依据此逻辑进行结构设计，得出每一根梁都是直线，只是通过调整水平角度的变化产生曲面效果。这种设计逻辑不仅直接有效，在工程施工过程中也具有极强的可操作性和集约性。室内空间中，钢梁依据一定间距布置，形成具有秩序的节奏感，同时兼具装饰性。正是这种结构和构造美学让设计团队决定将屋顶的结构完全暴露出来。

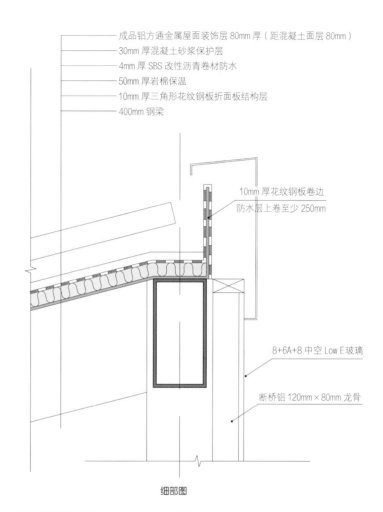

成品铝方通金属屋面装饰层 80mm 厚（距混凝土面层 80mm）
30mm 厚混凝土砂浆保护层
4mm 厚 SBS 改性沥青卷材防水
50mm 厚岩棉保温
10mm 厚三角形花纹钢板折面板结构层
400mm 钢梁

10mm 厚花纹钢板卷边
防水层上卷至少 250mm

8+6A+8 中空 Low E 玻璃

断桥铝 120mm×80mm 龙骨

细部图

▲ 玻璃窗方便从室内饮茶空间观赏窗外美景

建构过程：集合设计，多专业协同

　　崖顶茶吧为钢结构建筑，复杂的地质环境、底板大跨度外挑、梁托柱转换，以及扭动的异型屋面等都成为结构设计的难点。其中扭动的屋面设计与实现既是工程中的难点与亮点，也是建筑专业和结构专业深度配合的结果。在兼顾施工空间秩序感、施工可行性的条件下，设计团队将建筑屋顶按照 1.5m 模数进行等分，然后按照对角线再分割为两个相对的三角形，通过对三角面准确地定制加工，拼接形成了异型的扭动曲面。室内屋顶的支撑并未采用传统的工字钢梁或箱型梁结构，而是采用了定制异型钢板梁作为支撑方式。屋顶轴线及对角线均设 40cm 高钢板梁，既保证了屋面三角钢板的焊接附着点，又呈现出钢板梁随着屋面扭动变化的独特节奏及韵律。屋顶外部材料也采用了直的铝单板型材屋面进行装饰，进一步暗示、体现屋顶的建构思路。

　　由于室内空间需要结构暴露，因此板顶的灯具管线均需要在屋面顶浇筑之前定位布置好，这也考验了多专业之间的设计、施工配合默契程度。

▲ 鸟瞰

▲ 入口人视角

结语：建筑与自然、历史与当代

　　崖顶茶吧延续了设计团队长久以来对建筑与自然环境关系的思考：设计应该从建筑所在地的地理、自然条件和场所性出发，关注人工物与自然之间的对话关系，既尊重自然，又适当表达建筑的存在性。建筑应该和周边环境是一种共生关系。周边自然环境为建筑提供背景、条件和基地，而建筑的出现为环境增添了人的因素，成为环境与人之间的连接点。

　　从另一个方面来看，崖顶茶吧位于历史厚重的厂区内，如此当代的设计语言使其在整个项目中显得尤为突出。而这种反差也代表了设计团队对处理类似问题的一贯思路：厚重的文化和历史需要被保护，但是更需要适当的创新和激活，设计师应该在对立和冲突中寻找平衡，让旧者更旧，新者更新。

▲ 从河对岸看建筑

大槐树下的场院

——重塑村庄的公共空间

项目地点：山西省长治市沁源县沁河镇韩洪沟村
场地面积：800 ㎡
建筑面积：250 ㎡
建筑、室内、景观设计：三文建筑
主持建筑师：何崴、陈龙
项目建筑师：梁筑寓
设计团队：桑婉晨、曹诗晴、赵馨泽、李俊琪
项目顾问：周榕、廉毅锐
摄影：金伟琦、何崴
业主：沁源县沁河镇人民政府

▲ 从下沉剧场屋顶平台看场地

项目改造背景

　　本项目是韩洪沟村整体复兴计划的一部分，基地是一个三合院，位于韩洪沟村中部，地势较高。院落中有一处空置的三孔窑洞，现状保持较好，但厢房、倒座、围墙和院门已经坍塌，只剩下基础的石块。场地中最重要的元素是院外的大槐树。它已经有数百年的树龄，但仍然枝繁叶茂，忠实地守护着村庄。听村里老人介绍，大槐树下一直是村民集会的地方，以前是韩洪沟村重要的公共空间，凝聚着村庄的精神。

▲ 村民与红色装置

▲ 由老窑洞改造的村史馆

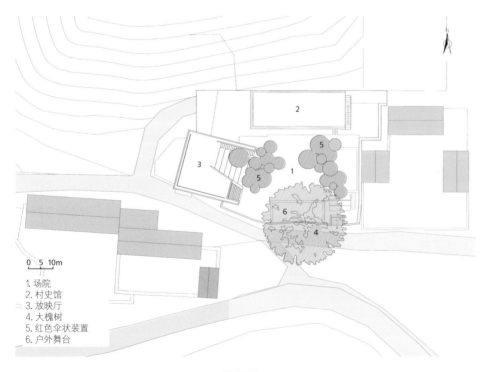

0　5　10m

1. 场院
2. 村史馆
3. 放映厅
4. 大槐树
5. 红色伞状装置
6. 户外舞台

总平面图

▲ 当地村民在场院中唱戏　　　　　　　▲ 场地成为村庄新的公共空间

场所精神的重塑

正如韩洪沟村的现状一样，大槐树也已经物是人非，昔日的熙熙攘攘早已不复存在。如何重新建构乡村公共空间，重新塑造场所精神是本次设计的重点。设计师将新功能设定为乡村记忆馆和小剧场。老窑洞被整修，外观保持原貌，室内空间被重新布置为小型历史展厅，用以展示韩洪沟村的历史和抗战时期太岳军区的事迹。坍塌的厢房和倒座并没有被恢复，设计师并不希望简单的"修新如旧"，而是希望通过新建筑物的加入，给予场地新的场所精神。

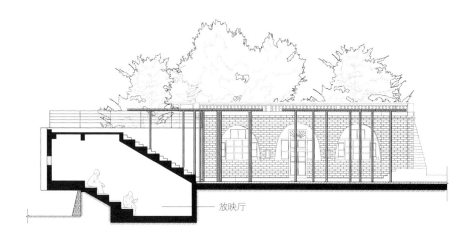

放映厅

0　5　10m

剖面图

半开放公共空间设计，重新定义了场地的空间属性

昔日村民聚集在大槐树下，互相交流的场景给了设计师灵感。这是一个半开放的公共空间：大树的树冠限定了场所的"边界"，树冠、阴影和人的活动构成了场所的气质和场所中的事件。这是一种公共空间的原型。一组伞状的构筑物被设计出来。"伞帽"大小不一，彼此连接，形成由多个圆组成的不规则的"顶"。它覆盖了院落 1/4 的面积，并隐约形成围绕大槐树的半环抱状。在院落西侧倒塌厢房的位置，一个室外看台被构建起来。它呈梯形，东低西高，与老窑洞、大槐树，以及伞状构筑物一起重新定义了场地的空间属性。室外看台一方面为室外剧场提供了观众的座位，另一方面也为俯视村落提供了一个高点。

在室外看台中，伞状构筑物被红色覆盖，形成了强烈的、不同于常规建筑学的视觉语言。它更趋近于艺术性的表达，单纯、强烈，甚至略显极端。同时，红色给予了空间一种新的气场：更开放的公共性、戏剧性、叙事性和张力都比建筑语言更简单，更具力量。

▲ 红色装置、窑洞与大槐树一起形成对场地的围合

▲ 大槐树和新元素

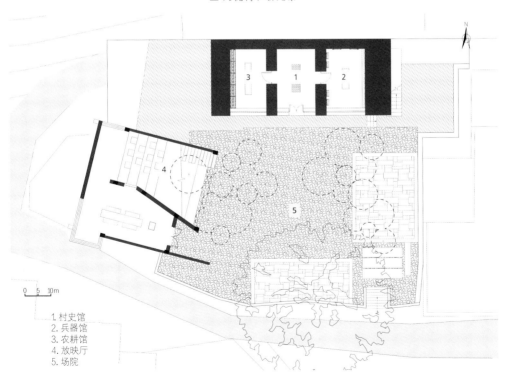

0　5　10m

1. 村史馆
2. 兵器馆
3. 农耕馆
4. 放映厅
5. 场院

首层平面图

▲ 从场地看向下沉式剧场

　　设计师利用户外看台斜向楼板下的室内空间设计了一个下沉式剧场，可以放映电影或者影像内容，与户外看台功能互补，满足了北方地区冬季的室内活动需求。小剧场西南侧从场地挑出，落地玻璃和石墙形成的虚实对比进一步加强了建筑的视觉性，为进入老村的路径提供了视觉引导。室内剧场、历史展厅和室外空间一起，形成了新的大槐树下公共空间，丰富了乡村的业余生活，为本地人及未来的新村民提供了文艺活动的场地。

▲ 从入村道路看出挑的剧场

▲ 下沉剧场序厅，透过窗户可以看到村庄

1. 无框玻璃栏杆
2. 地坪漆
3. 钢筋混凝土现浇楼板
4. 水泥纤维板
5. 方管＋膨胀螺栓
6. 无框玻璃
7. 方管龙骨
8. 钢板

墙体细部图

上坪古村
复兴计划之水口篇

——不经历风雨也能见彩虹

项目地点： 福建省三明市建宁县溪源乡

建筑设计： 三文建筑

设计面积： 159 ㎡

主持建筑师： 何崴

建筑设计团队： 赵卓然、李强、陈龙、陈煌杰、汪令哲、赵桐、叶玉欣、宋珂

照明设计： 清华大学建筑学院张昕工作室

照明设计团队： 张昕、韩晓伟、周轩宇、牛本田

室内施工图设计： 北京鸿尚国际设计有限公司

摄影： 金伟琦

业主： 溪源乡人民政府

▲ 彩云间：灵活多变的木窗扇立面

▲ 彩云间的窗板可旋转，在木色和彩色之间转换

项目所在地的自然和人文环境

上坪古村，地处福建省三明市建宁县溪源乡，是中国传统村落，福建省历史文化名村。上坪村历史悠久，文化底蕴深厚。村落现有格局完整，两条溪流绕村，并在村口汇聚。村中有多处省级文保单位，如大夫第、杨家祠堂、社祖庙、赵公庙等，此地民风淳朴，历史上也出过很多文人。相传，朱熹也曾到过上坪，在此地讲学，并留下墨宝。因此，上坪有"书香水村，明水绕古村"之名。

1. 廊亭
2. 零售店
3. 烤烟房
4. 彩云间
5. 公共卫生间
6. 社祖庙
7. 杨氏家庙
8. 荷塘
9. 村民公园

通往溪源乡、建宁县方向

0　5　10　　　25m

水口区域总平面图

　　村口节点的改造是上坪古村重要节点建设工作的一部分，同步进行的还有杨家学堂区域和大夫第区域。因为是历史文化名村，所以必须在保护的前提下进行设计。设计团队没有采用常见的修旧如旧的方式，也没有赶时髦地进行民宿的打造，而是挑选了村庄中若干闲置的小型农业设施用房，如猪圈、牛棚、杂物间、闲置粮仓等进行改造设计。植入新的业态，补足古村落旅游服务配套设施，为村庄提供新的产业平台是此次设计工作的重点；而基于在地性、乡土性，同时强调建筑的当代性、艺术性和趣味性是设计的基本原则。在这些的基础上，设计团队还要为村庄提供后续经营的指导，设计乡村文创产品，以及相关的宣传推广，可谓从产业规划到空间营造，再到旅游产品和宣传推广的"一条龙"服务。

▲ 彩色窗板为区域增添了色彩

▲ 上坪古村文创产品

场地情况：位置重要，但状况急需改善

村口是古村的水口，也是村民祭拜祖先、神灵的地方。村口原有建筑包括社祖庙、杨家祠堂、廊亭，以及烤烟房和杂物棚等。古桥、玉兰树、荷塘是村口主要的景观元素，它们与古建筑一起构成了该区域的基本风貌。

彩云间水吧和烤烟房立面

0 1 2   5 m

▲ 改造后的彩云间水吧和烤烟房

除社祖庙、杨家祠堂外，原有建筑并不理想。廊亭是20世纪80年代为了把守水口草草兴建的。主体结构为毛石垒砌，厚重、粗劣，且封闭的形态既不利于内部的使用，又阻隔了入村时的视线，急需改造。烤烟房和杂物棚位置显眼，但长期闲置，也是消极的元素。

设计任务：补充服务设施，重塑村口场域

村口是进入上坪村的门户，也集中了众多古迹和景观元素，但缺乏旅游服务设施供游客歇脚、餐饮。原廊亭位置非常重要，它既是入村第一眼看到的构筑物，也是连接杨家祠堂和社祖庙的中间点，但原有建筑无法满足这些诉求，急需改善。此外，如何将场地中的闲置建筑进行整合再利用也是此次设计工作的重点。

▲ 彩云间和烤烟房鸟瞰

▲ 上坪古村水口区域改造后全貌

改造手法：古中带新，艺术介入

　　设计并不刻意追求复古的形式，也不使用过于现代和城市化的形态。村口节点的几个新建筑希望在保持在地性的同时，在局部呈现新的气象，从而使新建筑身兼古与新的双重个性。

▲ 改造后的廊亭成为村口的标识

▲ 雾气中的廊亭

▲ 廊亭

（1）廊亭

　　将原有封闭的毛石廊亭拆除，用木材重新塑造一个新的、更为通透的廊亭。它既要满足阻隔视线、锁住水尾的传统格局，又必须让坐在廊亭里的人可以看到周边的景色。设计师在采用传统举架结构的基础上，对外立面进行了大胆改良，利用格栅形成半通透的效果，并在半高的位置开了一条通长的"窗"，形成框景。这种形态乍看很现代，但细看又能从中看到唐宋时代中国建筑的影子，也从另一个角度回应了上坪村可以追溯到宋代的历史。廊亭中，当地居民自发供奉的神像被妥善保留好，并重新安置回原有的位置上，设计师希望通过对原有信仰的尊重，使新廊亭与老廊亭建立一种传承关系，也让当地人更容易接受这个村中的新成员。灯光的处理，进一步加强了廊亭作为村口精神象征的符号功能。夜晚，从远方归来的村民可以在很远的地方就看到廊亭中的灯光。它引导着人们回家的方向。

▲ 廊亭内的鱼灯装置

▲ 彩云间水吧，底层架空，可供孩子玩耍

（2）彩云间

彩云间建在原来场地中杂物棚的基地上。它是一间不大的房子，基本保持了当地棚架的格局。半高架约1.5m，人在其间，可以从高处俯视面前的荷塘，从而实现村庄整体格局中的"观水"主题。建筑的功能是水吧，设计师希望它成为村口供人歇脚的场所。因为空间不大，所以内部格局不复杂，就是一个简单的方盒子。面向村庄的立面，采用了中轴的木窗板，使内外空间形成灵活多变的可能性。窗板并没有墨守成规，而是将一侧用油漆涂成七彩的颜色。这样无论是远观，还是在室内，都为建筑增添了色彩。设计师希望这个新的服务设施能为古老村庄带来一点戏剧性的"冲突"。

▲ 彩云间：灵活多变的木窗扇立面

▲ 彩云间室内

烤烟房彩虹艺术装置概念剖面图

（3）烤烟房

作为当地农业的传统工艺遗存，烤烟房具有一定的旅游观赏价值，可以满足城市人对传统制烟工艺的好奇。但设计团队并不希望把改造工作停留在原有工法的简单再现上，而是引入一种艺术的手法，通过一个光和色彩的装置，将烤烟房塑造成对中华农耕文明及与其紧密相关的太阳的歌颂。阳光被分解和强化为彩色的光，从天窗照入室内空间。奇幻的光影效果像彩虹一样为简单的空间提供了浪漫的色彩。设计师希望这里成为一个仪式性的场所，通过彩虹艺术装置，人们可以思考人与自然的关系。

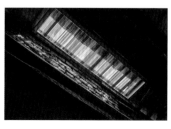

▲ 烤烟房内部的彩虹艺术装置细部图

▲ 烤烟房内部的彩虹艺术装置

西河粮油博物馆

——老粮库变身多功能粮油博物馆

项目地点： 河南省信阳市新县西河村大湾

建筑面积： 300 ㎡

建筑、室内设计： 三文建筑

主持建筑师： 何崴

项目团队： 赵卓然、陈龙、李星露、汪令哲、华孝莹、叶玉欣

摄影： 金伟琦、何崴

业主： 西河村村民合作社

▲ 餐厅西立面

项目背景

　　2013 年 8 月 1 日，河南省信阳市新县"新县梦·英雄梦"规划设计公益行活动正式启动。正是这次公益设计活动，使西河村迎来了巨大的转机，也让设计团队与西河村结缘。

　　新县位于大别山革命老区，2017 年前是全国贫困县。西河村距离县城约 30km，是山区中的一个自然村。村庄一方面具有较丰富的自然、人文景观，如山林、清末民初古民居群、祠堂、古树、河流、稻田、竹林等；另一方面，交通闭塞，经济落后，缺乏活力，空巢情况严重，常住村民大多为留守儿童和老年人群。

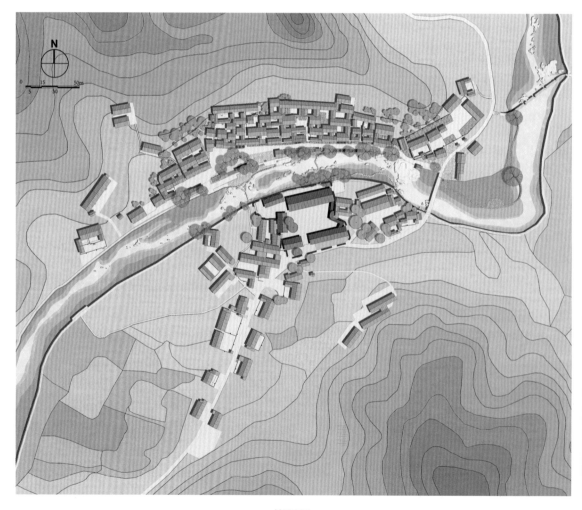

总平面图

▲ 改造后的南立面

建筑改造

2013 年，设计团队的工作聚焦在对西河村一组建于 1958 年的粮库改造上。通过对场地中 5 座建筑的空间重构和功能更新，设计师成功地将 50 年代的"西河粮油交易所"转变为 21 世纪的"西河粮油博物馆及村民活动中心"。改造后，建筑的功能包括一座小型博物馆、一处特色餐厅，以及多功能用途的村民活动中心。这座新建筑既是西河村新的公共场所，也成为激活西河村的重要起点。

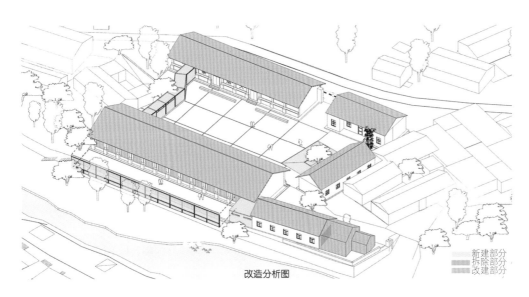

改造分析图

新建部分
拆除部分
改建部分

茶油行业的重新规划

　　在建筑改造的同时，设计团队还为西河村策划了新的产业——茶油，并设计了相关产品的标识——"西河良油"，可以说是一次"空间、产品、产业"三位一体的跨专业设计尝试。而西河粮油博物馆正是承载产品和产业的空间。一座古老的榨油车被安置在博物馆的空间中，它不是单纯的展品，而是真正的生产工具。2014 年 11 月 25 日，时隔 30 余年，西河湾又开始了古法榨油的生产，而这油就是"西河良油"，榨油的工具就是这架有 300 年历史的油车。

西河良油
—山茶油—
—西河粮油博物馆—

▲ "西河良油"标识

▲ 博物馆室内

▲ 老油匠使用榨油车

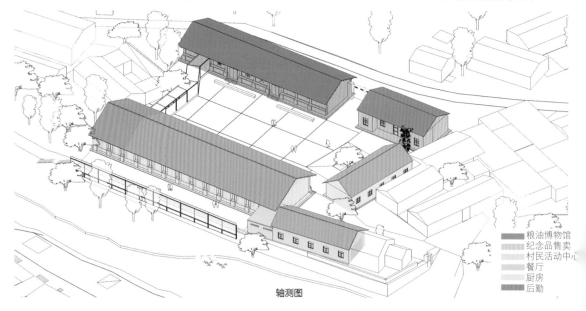

粮油博物馆
纪念品售卖
村民活动中心
餐厅
厨房
后勤

轴测图

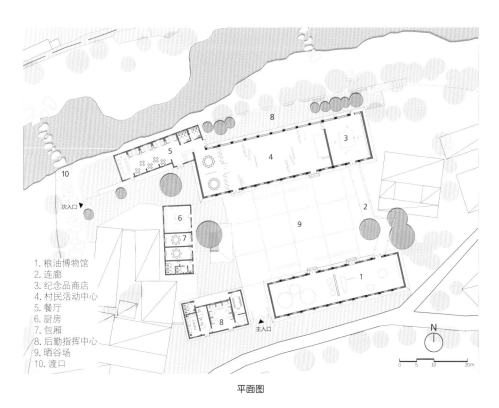

1. 粮油博物馆
2. 连廊
3. 纪念品商店
4. 村民活动中心
5. 餐厅
6. 厨房
7. 包厢
8. 后勤指挥中心
9. 晒谷场
10. 渡口

平面图

　　时间来到 2019 年，5 年时间飞逝，西河村在这 5 年中也发生了大的改变。村落得到了全面修缮，也新建了民宿和帐篷营地等旅游服务设施。现在的西河村已经成为年接待游客数十万人次，吸引青年人返乡创业的乡村振兴模范村。

▲ 村民活动中心室内

▲ 村民在晒谷场中听戏

▲ 村民修复传统榨油车

室内空间升级

　　随着时代变化，西河粮油博物馆也面临新的挑战和任务。如何将原有空间进一步梳理，提高效率，进一步加强参与性、娱乐性，完成空间升级，适应西河村新的使用需求是2019年摆在设计团队面前的命题。

　　2019年4月，同一批设计师再次回到西河村对西河粮油博物馆进行了室内空间展陈设计升级。本次升级任务是在原展陈设计的基础上围绕当地粮油农作物加入亲子互动体验的元素，使提升后的博物馆同时具备亲子体验、田野教育、茶油生产和农产品销售等多重功能。

▲ 亲子互动体验区

博物馆室内被分为"粮"和"油"两个主题空间

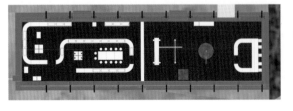

粮油博物馆平面布置示意图

室内空间的重新设计围绕"粮"和"油"展开，也再次回应了建筑的名称"西河粮油博物馆"：建筑的两个房间，一个主题是"粮"，一个主题是"油"。粮空间，注重儿童的体验，分别从春、夏、秋、冬四季入手布置空间分区，每个季节对应一个主题，即"春播""夏长""秋收""冬藏"。空间和家具强调互动性，希望打破原有博物馆以"看"为主的调性，让观者（特别是儿童）能够参与其中，可"触"、可"听"、可"磨"、可"尝"。

▲ "油"主题空间

▲ "粮"主题空间

"粮"主题空间设计

"春播"在于"触摸"和"认知"作物本身。该区域被设计成一个围合的农作物知识小讲堂，孩子们可以围坐在一起并亲手触摸到各类将要在春天播种的作物。这种体验将辅助以直观的讲解，观众从这里开始对农耕与农时的认知之旅。

"夏长"在于"倾听"环境、"感知"万物生长的"自然协奏曲"。该区域放置了若干收纳声音的艺术装置，每一个装置内会有高低错落的由竹子制作而成的听筒，凑近的时候会听到夏季乡村中熟悉的声音，比如虫鸣和晚风吹过树梢的沙沙声。

"秋收"则通过"碾磨"体现。一台从农户家中收来的石磨被放置在展厅中央。在工作人员的指导下，孩子们与他们的父母可以共同使用这台传统石磨来碾磨秋天收获的农作物，如稻米、小麦、高粱等。亲身的体验让"脱壳""碾磨"这些农事生产词汇从书本上走到现实中。

"冬藏"则是这一穿越四季的农事体验旅程的终点。该区域也可被称作"亲子协作工作坊"，旨在让人们品尝到由农产品制作而成的可口食品以及制作简单的农具模型。西河村保留着诸多食品制作的传统工艺，依循这些传统制作方法，孩子们可以与父母一同品尝到自己亲手做的板栗饼、猕猴桃干、米糕等，从而全面认识农产品从种子到食品的完整过程。

▲ "夏长"在于"倾听"环境、"感知"万物生长的"自然协奏曲"

▲ "春播"五谷展示区

室内条带状的矮桌是重要的元素。根据不同年龄段使用者的需求，它的高度既可以作为儿童活动的桌子，用来做手工、面点；也可以用作成人的坐凳。此外，这些矮桌还可以拆卸、移动和自由组合。通过这些矮桌的移动和组合，空间得以产生不同的分隔、变化。

"油"主题空间设计

　　"油"主题空间是在原本榨油作坊基础上的升级。原空间中的古老油车仍然保留在原位置，这个布置与传统的习俗有关。油车由一棵300年大树的主干制成，树干粗的一端称为"龙头"，龙头必须朝向水源，也就是村庄中的西河，榨油冲杠撞击的方向要和水流的方向相反，于是油车就有了现在的方位。围绕油车，新布置了半圈坐台，人们可以舒适、稳定地观看榨油表演。坐台也进一步强化了空间的领域感，以及榨油的仪式感。在设计师看来，这种生产的仪式感是中国乡村宝贵的遗产。

▲ 孩子们体验榨油工艺

▲ 百年古法榨油油车被完好地保留了下来，仍可使用

▲ 文创产品展示售卖区

　　与油车相对，空间的另一端布置了商品货架，主要用于销售与茶油有关的产品。早在2013年，西河项目的一期工作中，设计师就为西河村策划并设计了"西河良油"的品牌。但遗憾的是，当时的西河村对于茶油的经营并不擅长，因此有机茶油产业发展得并不理想。本次空间升级正是希望将产业思路延伸下去，进一步将空间与经营、空间与产业结合在一起，使游览、观赏、体验和产品融为一体。

桑洲清溪文史馆

——消隐的建筑，内化的乡土

项目地点：浙江省宁波市宁海县桑洲镇 422 乡道

项目面积：1691 ㎡

设计公司：浙江大学建筑设计研究院

建筑设计：吴震陵、章嘉琛、李宁、王英妮、陈瑜

结构设计：金振奋、沈金、倪闻昊

给排水设计：陈激、陈飞

电气设计：郑国兴、丁立

暖通设计：郭轶楠、任晓东

智能化设计：江兵

室内设计：李静源、方彧

景观设计：吴维凌、徐聪花、朱靖

建筑经济：褚铅波

建筑摄影：章鱼见筑、赵强、丁俊豪

获奖情况：教育部优秀勘察设计一等奖、WAN Awards 金奖

业主：宁海县文化旅游集团有限公司

▲ 观景露台

项目所在地区位背景

　　清溪文史馆位于浙江省宁波市宁海县桑洲镇南山岗，项目定位为集宁海桑洲镇的文化历史展览、游客接待中心和文化体验中心于一体的小型文化旅游建筑。

▲ 傍晚山坳

▲ 东侧鸟瞰

　　基地远离城市的喧嚣，周边仅有一条连接多个村落的乡间公路经过，田野中时有当地的村民在劳作。地势上下高差明显，由北向南呈台地向上，北侧视野开阔。远处群山连绵，东西两侧均为梯田。

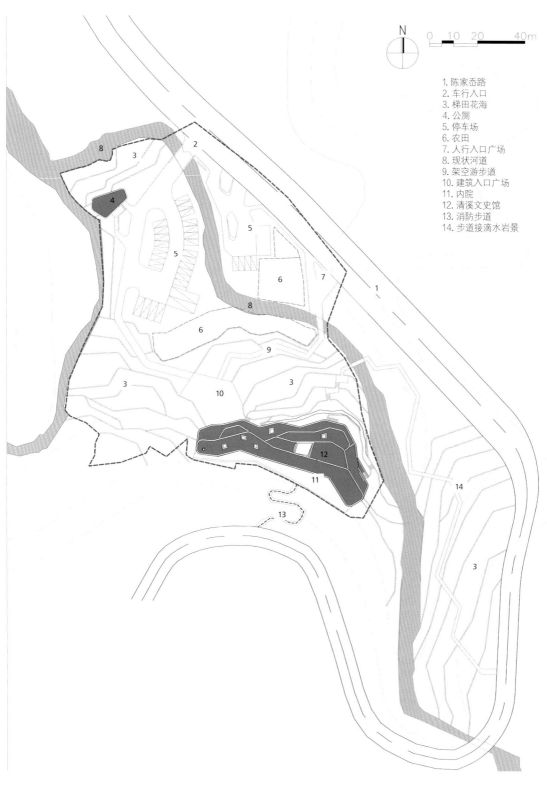

N
0　10　20　　40m

1. 陈家岙路
2. 车行入口
3. 梯田花海
4. 公厕
5. 停车场
6. 农田
7. 人行入口广场
8. 现状河道
9. 架空游步道
10. 建筑入口广场
11. 内院
12. 清溪文史馆
13. 消防步道
14. 步道接滴水岩景

区位总平面图

对自然环境的利用

注重自然、立足环境，是设计初心与动力源泉。基地处于一片美丽的梯田之中，靠山面水。在文史馆的外在空间上，据场地自然场所氛围来顺应自然、顺应地势、因地制宜。设计将建筑融入现状，将轮廓与地形地貌衔接，延续原有梯田的轮廓，并希望整个建筑的屋顶与周围梯田保持一致，布满农作物。

▲ 江南丘陵中的文史馆

▲ 油菜花海

▲ 错落的屋顶

▲ 屋顶覆土种植

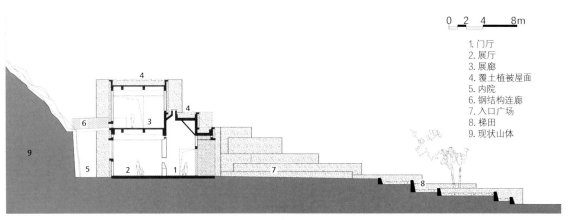

0　2　4　　8m

1. 门厅
2. 展厅
3. 展廊
4. 覆土植被屋面
5. 内院
6. 钢结构连廊
7. 入口广场
8. 梯田
9. 现状山体

1-1 剖面图

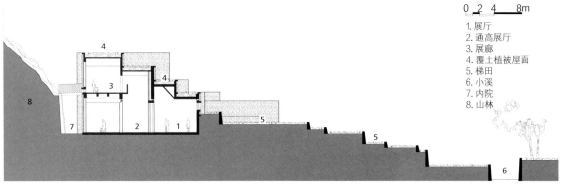

0　2　4　　8m

1. 展厅
2. 通高展厅
3. 展廊
4. 覆土植被屋面
5. 梯田
6. 小溪
7. 内院
8. 山林

2-2 剖面图

▲ 一层陈列厅

错落有致的室内空间设计

　　建筑的内在空间塑造也与外部形态一致，不规则的墙面和高低错落的屋顶形成的每一个空间都富有变化，如同乡间小径，宽窄不一，错落有致。光线通过高窗或天窗投射在墙面与地面上，形成一道道变化丰富的自然风景。

　　在内部空间材料的选择上，尽可能体现真实的质感，通过清水混凝土屋顶、白色质感硅藻泥墙面以及原木色的门窗来体现乡村建筑最原始的内在感受。

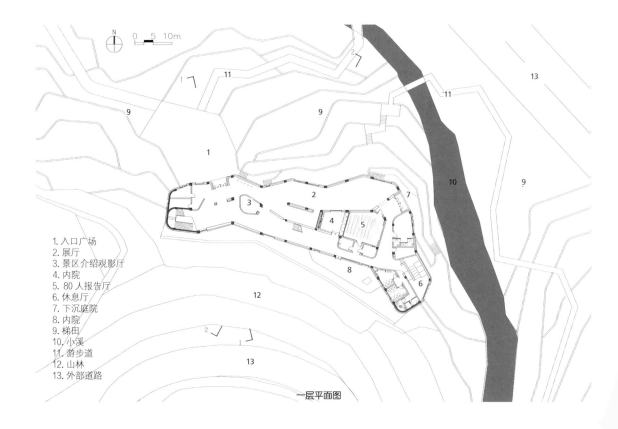

1. 入口广场
2. 展厅
3. 景区介绍观影厅
4. 内院
5. 80 人报告厅
6. 休息厅
7. 下沉庭院
8. 内院
9. 梯田
10. 小溪
11. 游步道
12. 山林
13. 外部道路

一层平面图

▲ 入口空间　　　　　　　　　　　　　　▲ 通高陈列厅

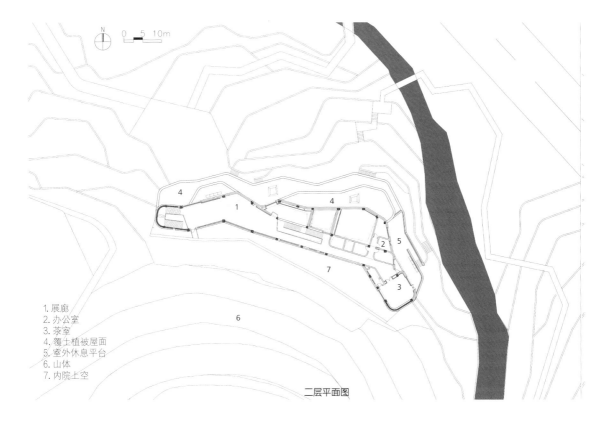

1. 展廊
2. 办公室
3. 茶室
4. 覆土植被屋面
5. 室外休息平台
6. 山体
7. 内院上空

二层平面图

就地取材的建造

在建造过程中，设计师就地取材、因材施用，充分发挥当地材料的建造优势。寻找桑洲当地的老石匠，选择当地天然石块进行砌筑，还原最原始、最自然的梯田样貌。

▲ 卵石外墙

▲ 屋顶与梯田

▲ 农夫与建筑

▲ 山景与外窗

质朴的技艺和手法，使得整个建筑在近距观感和质感上与自然的梯田、山岗相一致。石头窗框的处理、滴水的选择等细节也均是老把式精心之作。

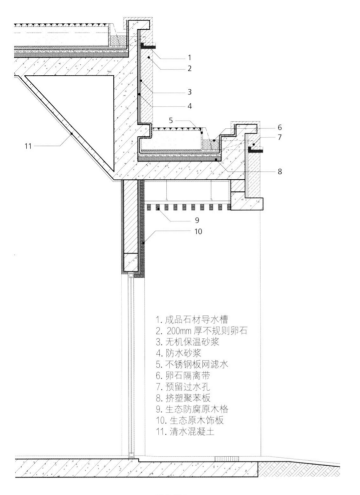

1. 成品石材导水槽
2. 200mm 厚不规则卵石
3. 无机保温砂浆
4. 防水砂浆
5. 不锈钢板网滤水
6. 卵石隔离带
7. 预留过水孔
8. 挤塑聚苯板
9. 生态防腐原木格
10. 生态原木饰板
11. 清水混凝土

节点详图一

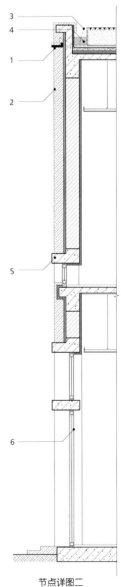

1. 石材导水槽
2. 200mm 厚不规则卵石
3. 不锈钢网滤水
4. 卵石隔离带
5. 清水混凝土过梁
6. 仿木纹铝合金门窗

节点详图二

对自然与乡土的认同

　　小山坳中的一角，静静的梯田，平凡质朴的建筑消隐于山水间，一如千百年来生长于此的山林田地。环境本是一个复合的整体，由各种功能类型的自然或人工的空间共同构筑而成。文史馆作为在此环境中实体存在的建筑，表现出的也不仅是风格和表象，而是对社会、技术和文化等一脉相承的环境体系的实体表达，体现了对自然与乡土的最大认同。

▲ 建筑与农妇

▲ 建筑与小溪

设计师寄语

　　消隐的形体、适宜的工艺、得体的空间，落成后的文史馆融入原始的梯田、溪流、小桥、阡陌，处处体现对周围不同韵致的回应，顺地形起伏而高低错落。时有小桥跨溪，时有小筑依山，望之有时似尽，转过却又别开生面。

　　设计师希望通过低调融入的设计手法和选择最为本土的建筑形式，营造一座能体现乡土个性且具有地方场所特征的小型文化建筑。

瓦美术馆

——乡村文化与美学的展示空间

项目地点：北京市怀柔区北沟村
总建筑面积：660 ㎡
建筑设计：IILab. | 叙向建筑设计
项目合伙人：刘涵晓、Luis Ricardo
项目负责人：Henry D'Ath、赵懿慧
设计团队：尹凌空、陈霏、胡乐贤、严予隽、刘凌灵、
Camilo Espitia
结构设计：栾栌构造设计事务所
工程总包：华装兄弟（北京）装饰工程有限公司
木结构施工：青岛顺兴林木结构工程有限公司
琉璃瓦立面材料提供：北京佟氏建筑材料有限公司
红墙面立面施工：佐敦涂料（张家港）有限公司
建筑摄影：存在建筑
业主：贰零四玖投资集团

▲ 大屋檐下村民休息的区域

项目建造背景

　　北沟，顾名思义，就是北方村落的一处山沟，因为土地贫瘠，长期被外界遗忘，发展缓慢。2005 年，北沟村不甘贫穷落后，决心建设花园式的新农村。2007 年和 2015 年，为了实现花园农村的梦想，北沟村发起了两次"环境革命"。

▲ 清晨的瓦美术馆

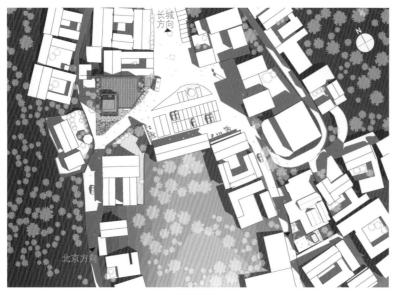

基地平面图

▲ 破旧的北沟村村委会——旧址

▲ 进村见到瓦美术馆

▲ 美术馆立面

打造乡村的新环境，需要从改变村民的思维意识开始试探并实行。为了乡村与城市之间的生活、状态、意识的逐步平衡，从而在乡村生活环境改善的同时，将城市与乡村之间的意识不平等弱化甚至渐渐消除，使两个群体在不同生活模式的条件下，却能用一种寄托依存的关系，相互融合成为一种新的社会框架。这不仅仅是乡村振兴的口号或者自我表现型行为，而是一种相互主动性生长融合的存在关系。

▲ 瓦美术馆傍晚全景

两次"环境革命"对乡村振兴的积极影响

2007 年，第一次"环境革命"开始，以家庭为单位开始传递这样的意识思想，效果并不显著，但也是一个良好的开端，并已经在乡村振兴的动作之下，开始吸引外界的目光。2008 年，废弃的琉璃瓦厂被一对美国夫妇改造成了酒店，开放合作的态度和眼界，开始蔓延生长。2009 年，贰零四玖集团来到了北沟村，也开始了对村子一点一滴的建设和改造。从村民的生活开始，与村民沟通，并在村民的闲置房与生活模式上进行整合的尝试。

于是第二次"环境革命"也在这个过程中渐渐开始，11Lab. 叙向建筑设计也参与其中，开始了一层层更加深入的建设。

北旮旯涮肉乡情驿站从乡村大棚厨房被改造成老北京涮肉和乡村会客厅；燃气站空地被勾勒成了三卅村落型民宿，尊重本地材料和建筑语言的建造方法填充了现代生活方式，将城市与北沟乡村生活自然融合。随后，瓦厂酒店的改造，更加能够在乡村发展和建设的过程中凸显北沟村的原本特点和文化，用更加自信的表现形式，体现出琉璃瓦及长城脚下村落的底蕴。

▲ 瓦美术馆琉璃瓦光斑

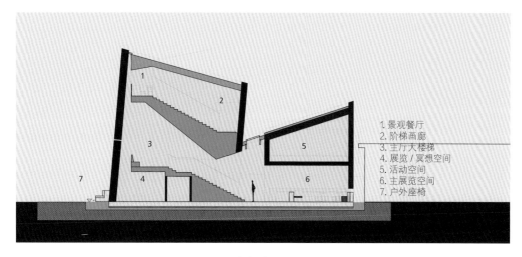

东向西剖面图

1. 景观餐厅
2. 阶梯画廊
3. 主厅大楼梯
4. 展览/冥想空间
5. 活动空间
6. 主展览空间
7. 户外座椅

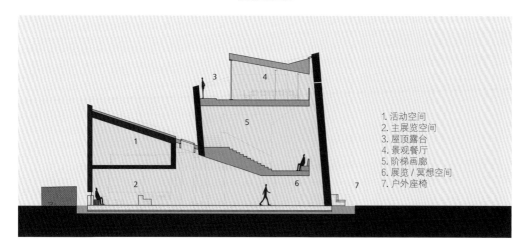

西向东剖面图

1. 活动空间
2. 主展览空间
3. 屋顶露台
4. 景观餐厅
5. 阶梯画廊
6. 展览/冥想空间
7. 户外座椅

这个土生土长的北方村落，已经在十几年的发展变化中逐渐成为与国际意识接轨的先锋村落。同时，美术馆的概念已经潜移默化地在对于乡村振兴、生活融合、社区生活的归纳和讨论之中，逐渐形成。

▲ 北沟村的方向标

▲ 公交车站为村民提供等待时的交流、休息场所

尊重在地文化，就地取材

瓦美术馆，原名北沟乡村艺术建筑美术馆，表达了将北沟视为第三故乡，发展乡村，活化乡村，同时使用艺术的表现手法，敢于将乡村形象与城市美学融合的一种先锋的态度。

项目本身立足于对原址及村民生活的尊重，将艺术的表现与北沟乡村文化，以空间为界面，意识形态为前提，进行感官上的融合，将视觉和感觉的矛盾体结合，并在材料与空间的使用手法上，将演化成一种以文化遗产为基础，以人为动力的变化空间模式，将这股象征新的力量、把北沟视为第三故乡的人群，用憧憬的方式体现出来。

▲ 琉璃瓦墙面细部

建筑及空间的材料，以本地的文化为基础，不同空间、不同时代、不同的群体和意识形态，均敢于就地取材，却用不同的理解和工艺，赋予不同的意境体现方式。

空间的内容，保留当地村民的生活模式，与新空间结合，并用概括的空间使用法，使空间能够沿着时间延伸。因此，文化成为演变的基石，演变却又融合了当地的文化，不受时间的限制。内容本身的演化，也给下一步引导了方向。

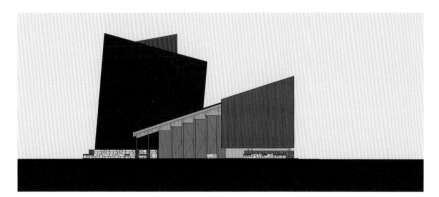

东立面图

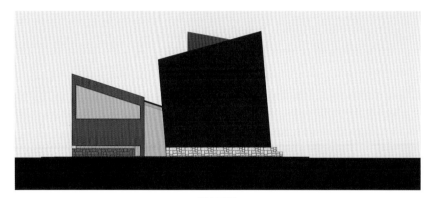

西立面图

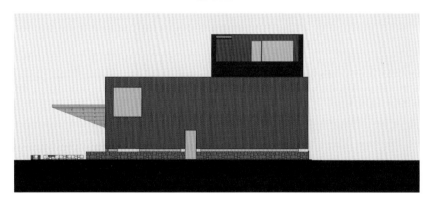

北立面图

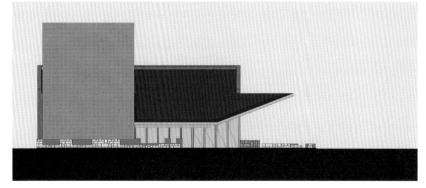

南立面图

馆内主题及空间设计

瓦美术馆的空间及展示内容，将会是一种勇敢，甚至激进的碰撞，一种固定思维与先锋意识交流的平台。它记录了过去的脉络，描述了现在的试探，却又引申到了未知的领域。

主体建筑的室内部分设置 3 个主题空间：北沟的记忆、北沟的现在、北沟的未来。

"北沟的现在"主题空间位于入口部分，包括咖啡厅、社区活动间、室外休息区等功能区域。"北沟的记忆"位于原建筑基底位置，设置北沟历史展览、原址建筑记录、北沟建筑文化等主要展览空间。位于二楼的多功能厅，可作为学术报告厅、临时展厅、聚会厅等功能使用。"北沟的未来"塔楼配有主要的阶梯展览空间、一层的服务功能空间，以及顶楼的"长城台"眺望景观露台等。

▲ 新旧空间的碰撞

▲ 新旧主题展厅的连接区域

▲ 琉璃瓦天井空间

▲ 主入口可同时开启的门

▲ 聚会功能示意图

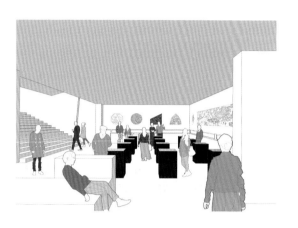

▲ 展览功能示意图

▲ 楼梯展览功能示意图

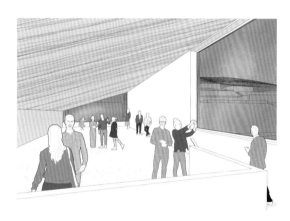

▲ 研讨会功能示意图

▲ 咖啡厅功能示意图

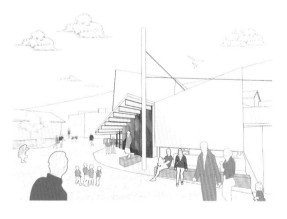

▲ 室外休息功能示意图

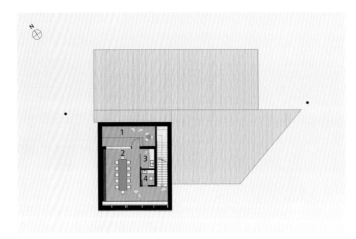

1. 屋顶花园
2. "长城台" 眺望景观露台
3. 厨房
4. 洗手间

三层平面图

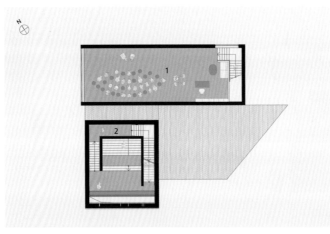

1. 活动空间
2. 阶梯画廊

二层平面图

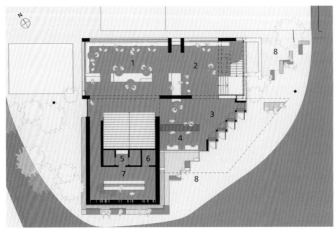

1. 主展览空间
2. 休憩空间
3. 社区活动空间
4. 咖啡室
5. 盥洗室
6. 储藏室
7. 展览／冥想空间
8. 户外座椅

一层平面图

设计师寄语

　　北沟村的"环境革命"，人们原以为会因为这样的改变而画上句号。然而，当一个个巧妙介入乡村的建筑拔地而起时，人们却发现这是个更新的开始，使人们对乡村有了更多的期待。无论是对于本地村民，还是周边及远道而来的游客，优质的文旅建筑都是乡村的一张名片，为人们提供了释放身心的好去处。

▲ 瓦美术馆傍晚全景

▲ 隐藏在民屋间的一侧

森之谷温泉中心

——静谧乡村里的温泉疗愈体验场所

项目地点：河北省承德市隆化县七家镇

项目面积：1560 ㎡

建筑设计：B.L.U.E. 建筑设计事务所

设计团队：青山周平、藤井洋子、杨辉勇、李嘉习、陈百一、谷灵熙、吴卉仪

室内设计：B.L.U.E. 建筑设计事务所

室内景观设计：高古奇、杨浩

建筑施工图设计：中国建筑标准设计研究院有限公司

幕墙施工图设计：中标建设集团股份有限公司

摄影：夏至

业主：拾得大地幸福集团

▲ 建筑夜景

项目背景

项目选址位于承德市区以北的热河谷温泉度假村，周边是原始的森林环境，在远古时期发生了规模巨大的火山喷发，所以现在拥有天然优越的温泉资源。

▲ 俯瞰建筑夜景

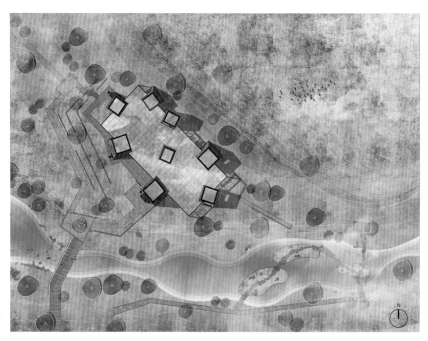

总平面图

▲ 夜幕降临，华灯初上

　　温泉过去就有，但大部分是服务于当地人。为了给城市生活中忙碌的快节奏人们提供一处可以完全放松的场所，同时结合温泉和植物，创造和当地已经存在的不一样的温泉疗愈体验，设计团队走遍整个山谷，实地考察，最终选择了山谷深处中心的拐点位置。这里四周被山脉环抱，背山面水，是天然的静谧场所。

1. 温泉泡池
2. 儿童区
3. 更衣室
4. 温泉泡池
5. 水疗养生区
6. 办公室

剖面图

设计理念

在踏勘行走的过程中，设计团队发现山谷里有的地方明亮，有的地方会突然暗下来，山腰的温度也高低起伏地变化着，有时听见清脆的流水声，有时听见鸟叫声……自然的气息变化非常丰富。设计师们计划将这些在自然森林中行走的自由开放空间体验融入设计，这就是"森之谷"的概念。

设计将温泉和植物两个主体功能空间相互穿插，以高耸的竖线条实体塔楼和水平透明玻璃盒子的空间组合形式，模拟呼应山脉绵延的形态，同时打造山谷般丰富的空间变化。

▲ 高耸竖线条实体塔楼与水平透明玻璃盒子组合

▲ 水平玻璃盒子空间与塔楼实体相互对比衬托

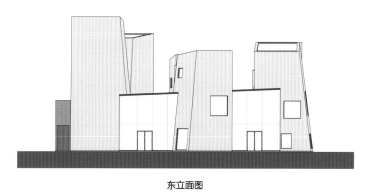

东立面图

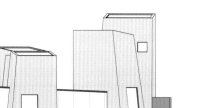

西立面图

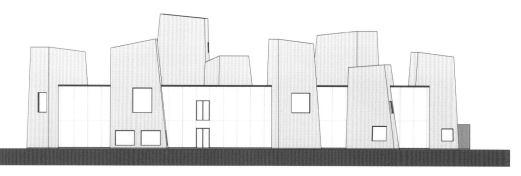

北立面图

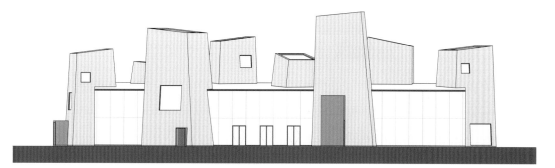

南立面图

空间特征

　　森之谷温泉中心一共有 8 个高低错落角度不同的塔楼，一层 2 个塔楼内是泡池，其他塔楼内是服务空间，二层 8 个塔楼内分别是 2 个水疗养生区，5 个泡池和 1 个休息区，塔楼外是玻璃盒子包裹的大开敞植物景观区域。8 个塔楼在一楼以游园步道连接，在二楼以空中连廊连接，都是闭合的环线没有尽头，有很多种可以自由选择的动线，人们就像是走在森林里一样。沿着动线，散布着咖啡、休息、化妆、商店这样的一些小功能空间，让行走的体验更加丰富。

　　在塔楼内，人们通过大大的景窗，可以一边泡着温泉一边看着外面厚厚的白雪或是绿绿的树叶，也可以透过天窗看到划过天空的飞机或是闪闪发光的星星。走出塔楼，行走在连廊上，穿梭在树梢间，也是惬意的丛林漫步。

▲ 游园动线

▲ 塔内温泉泡池空间，可透过景观窗欣赏外部景色

▲ 沿着动线分布的咖啡区

▲ 空中连廊动线

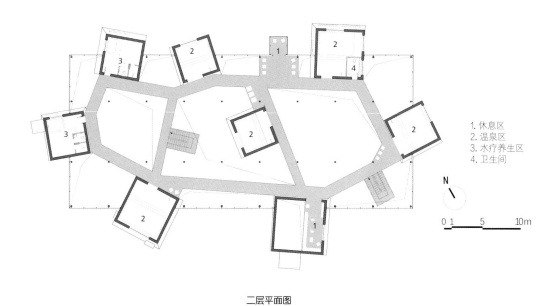

1. 休息区
2. 温泉区
3. 水疗养生区
4. 卫生间

二层平面图

1. 前台
2. 咖啡区
3. 厨房
4. 布草间
5. 办公室
6. 温泉区
7. 女士更衣室
8. 女士化妆区
9. 男士更衣区
10. 男士化妆区
11. 儿童区
12. 卫生间

一层平面图

材质细部

　　为了表达自然的神奇能量，设计师们选择了火山岩作为塔楼外墙的表面材质，因为火山岩和温泉均为火山喷发后的形成物。他们将火山岩一层层地叠挂上去，就像山上的植被树叶一样层峦叠嶂。水平玻璃盒子空间则以透明的虚化与塔楼实体相互对比衬托。

　　室内主要应用竹材、原木和石材，以4种不同的应用排布形式结合灯光和塔体的深邃，营造特殊的泡汤仪式感。

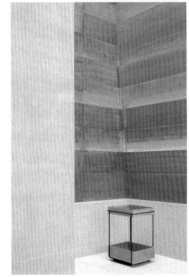

▲ 室内材质的 4 种排布形式

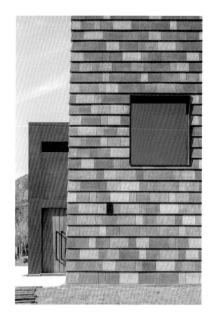

▲ 外墙由火山岩一层层地叠挂上去

场所精神

　　在现代化的快节奏城市生活中，温泉这样的功能会变得越来越重要。当人们脱掉外界的繁杂，脱掉外界的身份，出现在这个空间里时，就像是变回了原始人，人和自然的交流，人和人的交流，都得以坦诚相待，变得真实。森之谷温泉中心就是给现代城市人一个新的与自然、与人遇见的场所。

▲ 项目概览

三亚海棠湾
医养示范中心

——场景叠合

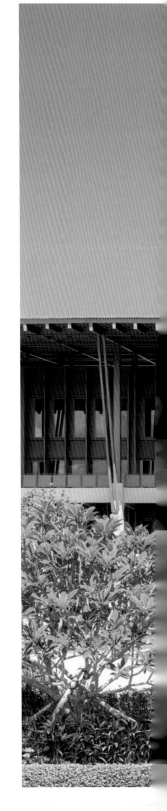

项目地点：海南省三亚市

建筑面积：136144.27 ㎡（地上：86059.45 ㎡，地下：50084.82 ㎡）

建筑设计单位：line+ 建筑事务所、gad

景观设计单位：line+ 建筑事务所

主持建筑师 / 项目主创：孟凡浩

项目负责：李昕光（建筑）、李上阳（景观）

设计团队：何雅量、黄广伟、张罕奇、徐天驹、涂单单、万云程（建筑）；金剑波、池晓媚、张文杰、李俊（景观）

医疗专项顾问：戴文工程设计（上海）有限公司

顾问团队：邓琳爽、王致尧、郭心仪、丁涛、贾晶

施工图合作单位：海南省建筑设计院

幕墙配合单位：沈阳远大铝业工程有限公司

摄影：夏至、陈曦

业主：力旺卓悦（三亚）健康管理有限公司

▲ 自然院落

山海间的国家级医疗及健身疗养基地

　　健康产业融合旅游业的发展模式，正成为市场新宠，在医疗康养旅游国际化发展的趋势中，具有特色的健康旅游市场亟待开拓。2017年，国家首批13家健康旅游示范基地在全国范围内展开建设。设计师们承接的项目所在地海南省三亚市，即为入选目的地之一。

　　示范中心位于三亚海棠湾，以琼南岭等群山为界，环抱银沙椰林，山海风光在宽广的地景中铺展开来。位列三亚五大名湾之一，海棠湾在偏离城市的南海东疆，留有喧闹之外难得的宁静。得天独厚的游居优势，让海棠湾将国际五星级滨海酒店及度假社区尽揽其中。示范中心在已命定的"国家级医疗及健身疗养基地"内，融合与平衡了"医、养、游、居、憩"等诸多要素的类型边界探索，与海棠湾的自然山水格局一同展开。

▲ 周边环境

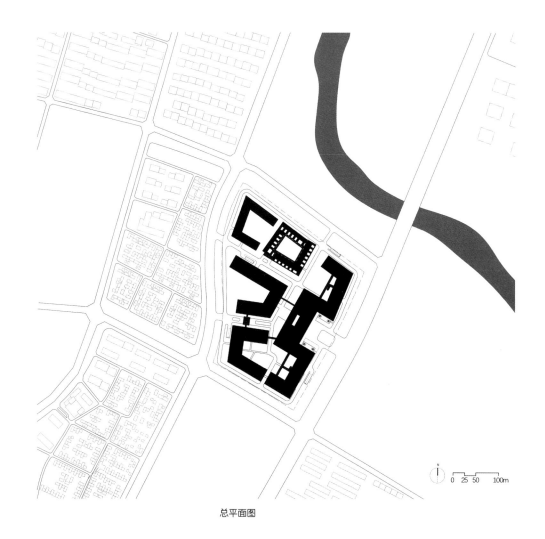

总平面图

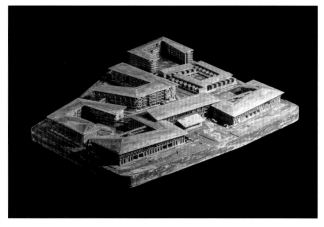

▲ 模型

后地产时代，以大健康产业引导的区域综合开发模式，正成为尚待挖掘的蓝海。业态迭代的背景下，以单一功能对建筑类型进行定义已逐渐失效，设计师们尝试寻找一种弹性空间状态来包容、适应不同场景的需求，模糊医疗与酒店的明晰边界，叠合康养与度假的多元场景，在热带气候条件下营造一处山水园林，以此构建回应时代转型需求的未来康养新模式。

矛盾与破题——

多轮"诉求拉锯战"，一次机会，如何破局？

　　时代需求转型期的类型探索常蕴含极大的不确定性。在设计师们介入之前，规划局与开发商之间展开了多轮"诉求拉锯战"：从城市综合发展角度，规划局希望跳脱行列式住宅产品；从运营效益角度，开发商不希望以集中性单一医疗设施的形式进行布局。在长远的上层规划与即时经济效益的平衡之间，破题的方向看似不明晰，却恰巧给予设计师们将矛盾转化为类型突破的机会。

▲ 自然院落

　　为构建具备中国海南特色的医养示范中心，设计师们从规划布局、功能配置及立面风貌的探索开始，将在地营造主题具象化为"热带气候条件下的山水园林"。

　　破题始于跳出既定的视野与设计圈层。在梳理了迪拜、德国、瑞士等地面向世界访客的健康中心及其综合配置后，设计师们尝试将设计的起点调整至上层策划，将示范中心定位为"医疗酒店化的复合场景目的地"：其模糊了医院与酒店的边界，容纳康养与度假多元场景模式，以此探索类型创新的可能性，构建健康生态圈。

▲ 项目整体鸟瞰

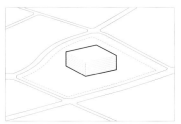

生成过程一

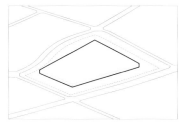

生成过程二

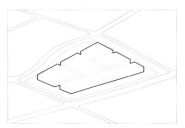

生成过程三

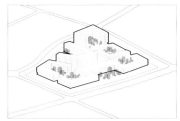

生成过程四

生成过程五

生成过程六
生成过程示意图

挑战一

"医疗接诊要集约高效,康养度假要放松自由,如何融合？"
规划布局：集约高效的自然院落

医疗诊治与康养休闲场景在通达效率上呈两极化：医疗接诊通常强调高效与集约，而康养度假寻求自在与闲散。示范中心要辩证地统一"高效而自由"的矛盾。同时，项目总用地面积9.26万平方米，总建筑面积13.6万平方米，建筑密度35％，限高40m，如何在限定的指标内完成该大体量建筑"就低不就高"的集约化设计，成为规划布局要解决的问题。

▲ 集约高效、院落布局、山海意境

设计将建筑密度最大化利用，减少层数，建筑功能体化整为零，并加强围合，由此示范中心整体形成组团院落式布局，休闲尺度的景观"孔隙"得以置入，同时明确公私空间界面：公共功能院落放置在场地东侧，面向城市干道；康养旅居体量布置于场地西侧，与空间尺度较小、私密度要求高的居民社区界面相承接。由此，空间布局明确分区，既与舒展的山海景观相协调，又同城市尺度下的当地民居相融合。

在独立院落间，以游廊"穿针引线"，院内设置下沉式疗养景观庭院，借景院外婆娑椰林与湛蓝天色，游者往来各分区时，或在廊中小憩片刻，或徜徉廊下，都颐养身心，推窗入园皆自然。

挑战二

"功能面积不确定，空间业态动态调整，如何回应？"

场景叠合：全时段的复合场景，柔性变化的复合功能

"诉求拉锯"导致的不确定性在功能设置中表现得最为突出。首先，示范中心的空间布置与面积配置将随时动态变化；其次，在功能空间的使用上，医疗接诊与康养度假存在分时与全时的矛盾。但破局关键仍在医院功能的细化考量上——问诊与检测等主要医疗功能分时、公共、标准化，但住院病房和医护生活服务全时、私密、个性化，利用二者的区别作为解决矛盾的关键点，示范中心由此可转化为全时段的复合场景目的地。

▲ 主入口立面

（1）模数化设计

建筑空间运用模数化设计，寻求局部功能的"柔性"变化，使得示范中心在扩张、改造和重新配置上均具备潜力，可在变更过程中不影响整体运营。整个示范中心由 8.4m×8.4m 的模数构成，这个模数可以由一条 1.6m 宽的走廊组织 6 个门诊科室，或由一条 2.4m 宽的走廊组织 2 个度假式疗养病房，也可组织地下 6 个停车位等多类功能空间，提高医疗门诊与度假休闲空间的可变性。

▲ 公共空间体量内部

▲ 外立面模型

▲ 模数化设计在立面直观呈现

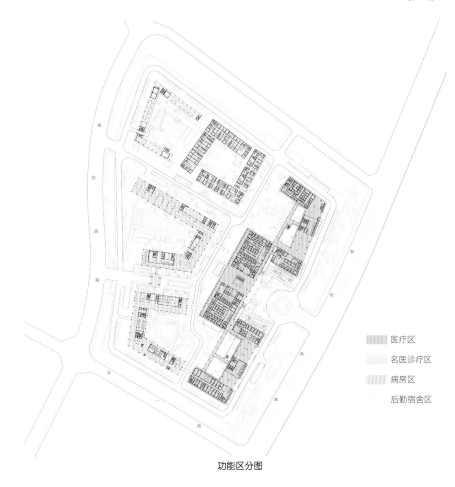

医疗区
名医诊疗区
病房区
后勤宿舍区

功能区分图

（2）医养融合

　　东侧公共医疗体量平行于城市主干道，医技综合科室置于体量中部，特色门诊分立两侧。来访者可由中部主入口进入，通过半室外连廊，在移步异景中分达各门诊科室。西侧康养度假式病房在具备基本护理康复功能配置基础上，将廊道多角度转向，以围合院落景观园林，并以此减弱长走廊带来的幽闭感。在走廊中部与首尾置入多个景观阳台，增强视野通透性，营造度假式酒店的空间品质。在业态配置上，为康体活动中心、全龄化活动会馆、热带书吧等设置康养公共空间，实现全时段度假式的社区体验。

▲ 公共空间体量内部　　　　　　　　　▲ 建筑夜景

（3）便捷通达

分区布局明确后，高效而自由的交通组织分路建立。依循人车、医患、洁污、门诊与住院分流的原则，车行辅道设置于外环，并合理设置各功能出入口。在院落之间，建筑内走廊连通半室外空间，院落连廊形成便捷的人行流线，而植物景观则使人行通道成为令人心旷神怡的漫步系统。

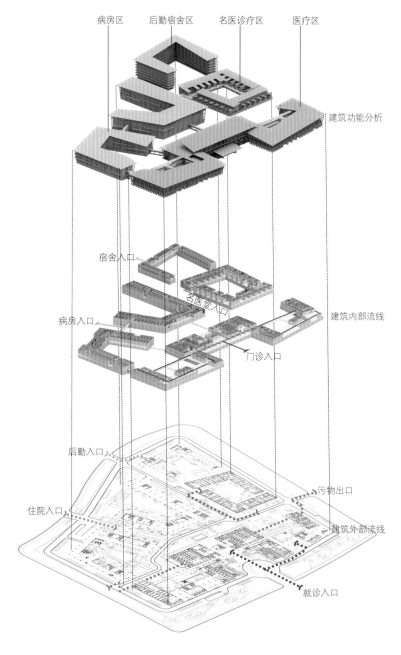

功能分区与流线分析爆炸图

▲ 下沉式庭院

挑战三

"风貌管控条件严苛，如何构型？"
立面风格：转译传统建筑语言，回应海岛地域气候

　　立面构型于两个在地限制条件：区域严苛的风貌管控要求与炎热多雨的热带季风气候。中国从东到西、从南至北，尽管各地人文风俗不尽相同，但其城市面貌却越发相似。"千城一面"不只是物质空间形式上的雷同，更说明了城市文化的贫乏。在这样的背景下，如何转译地域语言，协调建筑尺度、色彩与材料，以营造符合历史文脉与空间秩序的建筑成为立面设计的探索命题。

▲ 高低错落的屋顶

▲ 窗洞与基座细部

▲ 深远的檐下灰空间

1. 转译传统红瓦坡屋顶

　　当地建筑风貌多以木构红瓦坡屋顶为主要形式语言，这也是当地规划部门的风貌管控要求。就第五立面的重构而言，设计师们通过连续的屋顶，将独立分散的院落连接起来。在周边组织关系含糊的空间肌理中，示范中心自成空间布局明确的统一体。通过调整传统坡屋顶中脊与垂脊的连接方向，打破传统坡屋面均衡对称的呆板状态，以更为生动自由的现代形式进行转译。

　　从地平视角而言，屋顶采用"折顶为山"的意象策略。依循建筑功能体的主次关系与高度，连续的坡屋顶渐次起伏，形成富于变化的天际轮廓线，象征山海背景中的"大山"。

2. 塑造灰空间与层次

　　在对当地热带气候条件的回应上，外挑的屋檐满足了基本的遮阳需求，同时在阴影与阳光的对比中形成立面丰富的层次感。深远挑檐下灰空间的设置，更是提供了可应对炎热多雨气候、舒适宜人的活动空间，打造具有热带风情的度假氛围。

3. 衍生立面母题

上述立面母题应对不同的建筑功能及尺度，衍生出多种类型变化，使示范中心形成具有聚落特征的建筑群。在海棠湾明快的阳光下，横竖向立面元素建构出明朗的立面语言细节，呈现节奏明快、秩序清晰的大体量空间自然美感。

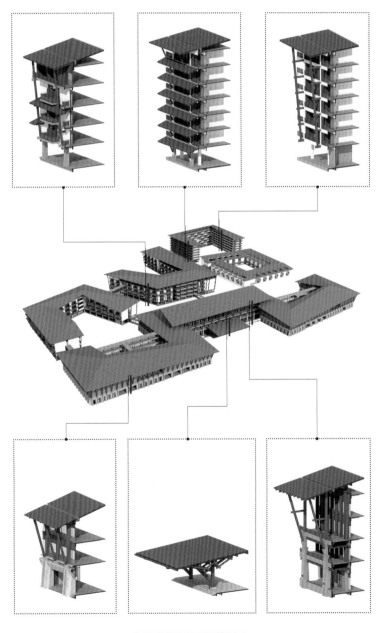

立面母题衍生出多种类型变化

4. 管控条件下的在地营造

（1）选材与构造：控制成本内的极致复现

业主对于示范中心的建造有严格的成本控制，但精良大气的形象要求也丝毫未减。在地营造需要考虑如何游刃有余地在有限成本内，复现预想的建筑形象。

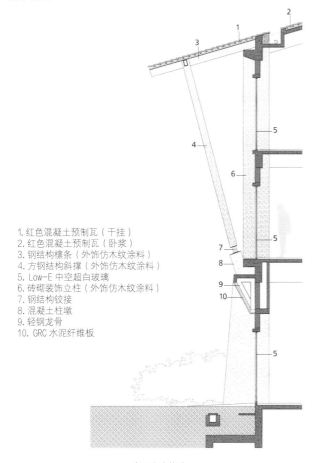

1. 红色混凝土预制瓦（干挂）
2. 红色混凝土预制瓦（卧浆）
3. 钢结构檩条（外饰仿木纹涂料）
4. 方钢结构斜撑（外饰仿木纹涂料）
5. Low-E 中空超白玻璃
6. 砖砌装饰立柱（外饰仿木纹涂料）
7. 钢结构铰接
8. 混凝土柱墩
9. 轻钢龙骨
10. GRC 水泥纤维板

立面表皮构造

▲ 结构细部

▲ 立面构造模型

整体立面采用中式建筑的三段式构造：上部屋檐、中部墙身与底部基座。上部近 5m 的出檐与中段由斜撑、窗构件、框架结构等组成的墙身，若全部采用传统木材料将遇到造价高昂、防火规范严格、防潮防腐等诸多限制。如何复现木结构考究的形制与构造方式，在有限成本内实现现代转译，是立面层次塑造的考量因素。

通过模型，设计师们考究了木结构檩条、斜撑、窗构件等的尺度比例和搭接方式，并将其转译至立面构造设计中。而成本控制主要体现在材料上：木斜撑与出檐檩条为钢结构覆盖木色油漆，檐垫枋、间柱等框架结构构件采用装饰性砌体，玻璃窗棂与格栅窗采用幕墙铝方通，均覆盖仿木涂料。

为保证施工进度，斜撑钢结构、装饰性砌体与预制幕墙铝方通由三家单位分别施工，但由于制作工序与材料差别，覆涂的木色及纹理疏密有细微不同。为确保整体视觉效果，经多次色样比选后，预制铝方通与装饰性砌体相较斜撑木色更深、纹理更细密，使饱和度更低、纹理更舒展的斜撑能从背景中跳脱而出，从而建构更立体的灰空间色彩层次。

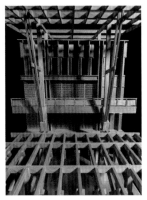

▲ 模型细部

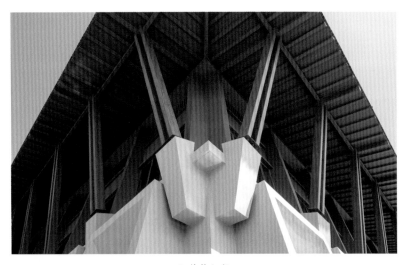

▲ 结构细部

红瓦选材上，设计师们将传统的陶瓦替换为现代混凝土预制瓦，并以 6∶3∶1 的面积比例将三种深浅色差的红瓦覆盖屋面，使屋面远观呈现更丰富的颜色层次与更生动的纹理样态。建造施工中，以外沿排水沟为过渡，主体混凝土结构部分采用卧浆覆瓦，出檐钢结构部分采用干挂覆瓦。

在预算控制下，底部基座放弃石材或全现浇混凝土的材料构造。在混凝土主体框架之外，基座窗洞造型采用较低造价的轻钢龙骨搭建骨架，覆盖 GRC 水泥纤维板作为面板，并涂抹与墙身一致的仿混凝土浅色涂料。与现浇混凝土原色相区别，基座的白净纯度更高，与三亚明快的阳光呈现更分明的明暗对比度。

▲ 瓦材选择

▲ 红瓦的选用

（2）在周全考虑之外未尽的遗憾

外观形象是最先触发观者感官的大众化传播符号。为使其穿越时间长河，在更长远维度内耐看而历久弥新，除使用材料的考量外，精微层面的部件设计也会成为关键因素。比如悬挂于基座的灯具原设计为木构搭接样态，与大气的传统木结构相称；再比如，医疗楼公共主入口的大屋檐，设计了屋面一体化的隐藏式排水铜管，而在主体承重结构之外，大屋檐底部悬挂有层次丰富的木构件，使其有更强的空间仪式与层次感。因施工方成本考量，设计师们虽未在实际中全然呈现上述细节图景，但依然在项目图纸与模型中以精微而周全的原则呈现了设计思考。

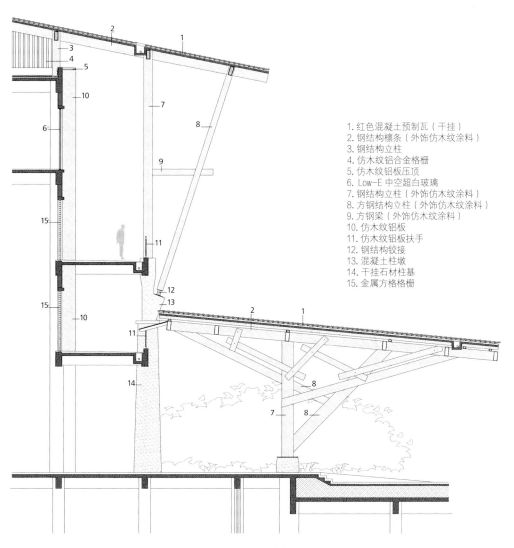

1. 红色混凝土预制瓦（干挂）
2. 钢结构檩条（外饰仿木纹涂料）
3. 钢结构立柱
4. 仿木纹铝合金格栅
5. 仿木纹铝板压顶
6. Low-E 中空超白玻璃
7. 钢结构立柱（外饰仿木纹涂料）
8. 方钢结构立柱（外饰仿木纹涂料）
9. 方钢梁（外饰仿木纹涂料）
10. 仿木纹铝板
11. 仿木纹铝板扶手
12. 钢结构铰接
13. 混凝土柱墩
14. 干挂石材柱基
15. 金属方格格栅

主入口立面表皮构造

结语

　　单一类型的地产开发模式，在城市化突飞猛进多年后的今天面临着一些挑战。健康产业引导的区域综合开发模式，由于其注重对环境、项目、服务和居住等体系的关注与融合，迎合疗养、康体、养老、度假等人群的需求，因此是绿色经济与人口年龄结构转型期的市场蓝海。

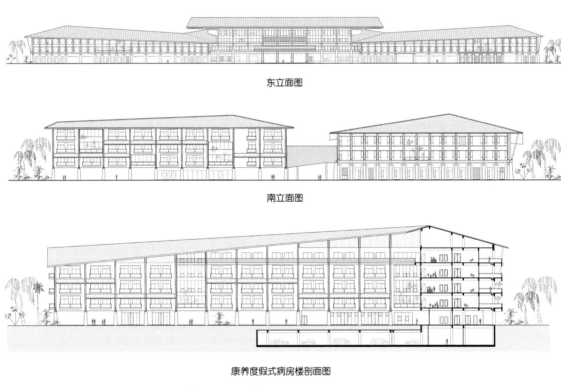

东立面图

南立面图

康养度假式病房楼剖面图

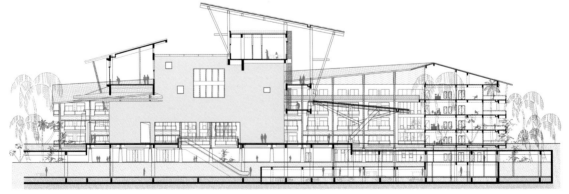

医疗楼中庭剖面图

▲ 项目概览

　　而在医养旅游领域内，现阶段以可出售社区产品作为财务的平衡和补充，嫁接专业的医疗健康和配套运营方为常规模式之一。在策划层面有效沟通产业链上下层级，在设计层面规范落地、注重空间品质与形象，将为品牌塑造长期核心价值，以及后期服务和运营介入建立良好的基础。

　　面对多轮的拉锯战，设计师们通过对规划布局、功能配置、立面风貌的全面考量，在一个半月的时间内快速破题，尝试以"热带气候条件下的山水园林"模式，探求复合场景的高效与自由体验、动态功能的灵活置换、居园可游的意境与景致，在限制成本内探索"康养与度假"的建筑类型边界与风貌控制条件下的现代风格，延伸当代健康人居方式的要素内涵。

▲ 结构细部

海草湾
养生度假村改造设计
——海草房村落的保护与再生

项目地点：山东省荣成市
占地面积：5545.63 ㎡
建筑面积：1786.93 ㎡
建筑设计公司：灰空间建筑事务所
主持建筑师：刘漠烟、苏鹏
主创建筑师：琚安琪
设计团队：应世蛟、张凯、吴文琦、高永胜
结构和机电：上海戊三建筑设计有限公司
施工：荣成市安润建设有限公司
摄影：陈颢
撰文：Coen
业主：荣成市经达健康养生有限公司

▲ 公共院落空间

项目背景

　　范家村位于山东省荣成市石岛管理区，东临石岛湾内湖，风景优美，是一个典型的北方行列庭院式村落。近年来，石岛在"百里海岸线，一条风景链"的政策指引下，全区着重打造"最美渔乡"民俗展示区、"十里古乡"文旅结合区、"山居海韵"风情体验区、"品质农业"休闲观光区四大板块，并专门开设一条贯穿四大美丽乡村特色板块的全域美丽乡村旅游示范带。范家村位于示范带中段。

　　随着沿海岸线整体景区和基础设施的建设，海草房古民居村落逐渐被拆除，范家村周围的肌理逐渐被破坏，截至 2020 年 5 月，已基本消失殆尽，取而代之的是行列式的板式住宅楼和别墅区。范家村内部的房屋也被空置，部分房屋已衰败。

▲ 鸟瞰

▲ 村落街道

设计面临的问题与挑战

如何留住乡愁，让历史记忆与现代生活共存是本次设计的出发点。一方面，原有村落的肌理特征和海草房的遗产需要保留；另一方面，现有房屋布局体系为一种功能性的、兵营式的布局，场地缺乏识别性，土地集约性和院落空间的层次性上都有欠缺。如何在保留村落肌理、院落空间、原乡民居格局的基础上调整适配空间以满足酒店的运营功能，同时在保护酒店私密性的前提下保留和扩展公共空间的开放性和整体空间的连续性，是本次设计的主要挑战。

材料与建造：延续与再生

海草房古民居是胶东地区最具代表性的传统民居，是长期环境、气候影响的结果。沿海地区夏季多雨潮湿、冬季多雪寒冷，特殊的地理位置和气候条件下，民居主要考虑冬天保暖避寒、夏天避雨防晒。工匠以厚石砌墙，用海草晒干后作为材料苫盖屋顶，建造出海草房。

▲ 海草房群落空间

原有海草屋的真实性如何保留；如何修复现有屋顶，插入新的结构；如何充分利用具有地域特色的建筑材料并使其融为一体是这个项目建造的重点。

整体建造策略回归建造的本质，注重建造过程与完成形式之间的逻辑关系。老房子为海草顶，以修复为主，体现地域特色。新建建筑为平屋面，突出纯粹的砌筑体量特征。新老建筑之间通过相同的建筑材料和相似的比例关系融合在一起。

▲ 民宿院落空间

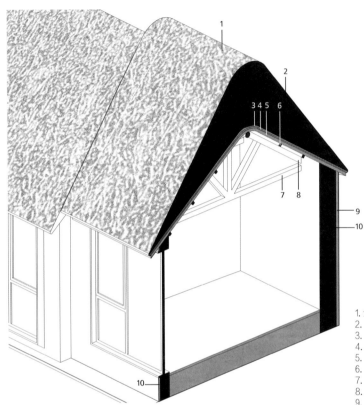

海草房构造剖轴测图

1. 海草（顶部 400mm 厚，底部 250mm 厚）
2. 海草填充
3. 麦糠合胶泥
4. 4mm 厚 SBS 防水层
5. 50mm 厚苇子板
6. 木檩条
7. 木梁
8. 木椽子
9. 生态泥抹面
10. 砖墙

（1）海草屋面的使用

用于建造屋面的海草是生长在 5~10m 浅海的大叶海苔等野生藻类，非常柔韧。由于含有大量的盐卤和胶质，因此有防虫蛀、防霉烂和不易燃烧的特点。一栋海草房需要 70 多道工序，全部都是手工艺。海草房建造过程中请来当地熟悉工艺的老师傅指导施工，按照准备工作、做檐头、苫屋坡、封顶、洒水、平实等步骤，原汁原味体现地域特色。

▲ 景观石墙与石板路

▲ 从入口看向海草房屋顶

▲ 景观石墙

（2）墙体的砌筑

保留建筑的墙体，维持建筑的原貌，有的是上部为砖墙、下部为石墙的形式，有的是自上而下的完整石墙。新建的部分为了保持院落的完整性，增加了石砌的院墙。景观元素局部采用锈钢板及深灰色不锈钢板，以工业感衬托手工感。石墙材料为当地产的石岛红，有平缝和乱缝两种类型。在建造方式上，遵循当地的一些传统建造工艺。这种工艺掌握在当地老师傅的手中，平缝一人一天只能砌筑 $1 \sim 2m^2$，乱缝一人一天可砌筑 $2 \sim 3m^2$。这种做法费时费工，但却是对于传统建造技艺的传承，也是一种在地化的乡村营造理念。

▲ 新砌筑的院墙和保留的老墙

▲ 从院墙看向泳池

▲ 新建生态泥抹面外立面一

▲ 保留的拴马桩

（3）生态泥抹面

新老建筑墙体上均采用生态泥抹面。用白灰和泥土以 2 ∶ 1 的比例混合，并采用特殊的流程工艺还原古旧泥墙的建筑肌理，形成独特的光泽及文化品质。相同的材料使得新老建筑紧密结合在了一起。

▲ 新建生态泥抹面外立面二

场所与地点：打造北方海边新型院落

　　设计师对现状 26 个院子都进行了勘察，找出其中五个质量较差的院落进行拆除，通过合并、拆除、扩大，改变原有单元的组合方式，更适应现代住宿的需求。原有建筑 26 间，设计完成后整合为 19 间。改造后剩余的 19 个院子屋面全部延续为海草房屋顶，形成完整的海草房村落。

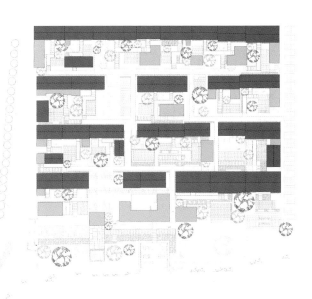

总平面图

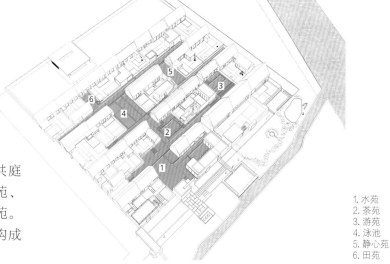

　　拆除后的空地形成公共庭院，分别命名为水苑、茶苑、游苑、泳池、静心苑、田苑。三条主要道路和六个庭院构成一个网络，流线方便可达。

1. 水苑
2. 茶苑
3. 游苑
4. 泳池
5. 静心苑
6. 田苑

拆除老建筑形成新的公共院落空间

▲ 水苑

围绕公共庭院等开放空间设置公共建筑和配套设施，如书吧、餐厅、布草间、公共卫生间、茶室等，完善酒店功能。

▲ 书吧与餐厅

▲ 泳池

▲ 院落中保留的树木

　　场地内现存多种树木，是村落中民居特色的一部分，承载着公共记忆，同时也是场地空间的重要组成，设计上予以保留，结合所在院子形成独特景观，增加院落之间的差异性。

▲ 景观石墙与石板路

　　场地南北向高差整体有 1.7m，设计师不想使用挡土墙等工程做法，力争通过其他方式消化高差。道路的高差通过缓坡来解决，结合高差处理场地排水问题；院子和街道之间的高差通过门前踏步和景观小品来解决，形成近人尺度，丰富街道空间的同时增加了院落体验上的差异性。

▲ 水苑

空间形态：类型及变体

　　设计师尝试以较少的改动通过组织规则实现多样性的聚落形态，结合自身的特点形成具有统一原型又有差异性的院落组群。

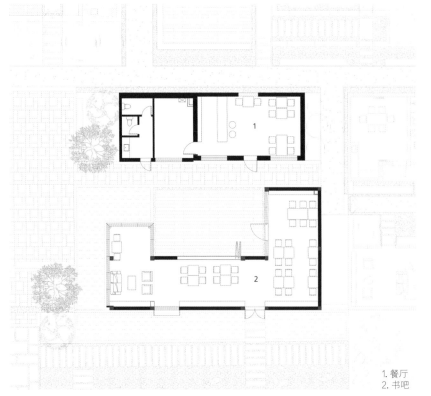

新建的餐厅书吧和茶室作为民宿内部的开放空间，建在原有院落的单元基底上，采用与原有院落相似的构成关系，三面围合，西侧向民宿入口空间开放。新建部分采用玻璃幕墙体系，增加空间开放度的同时在材料上与老房子形成对话。

1. 餐厅
2. 书吧

餐厅书吧平面图

　　一号院原本是两个院子，均为三合院，包括北侧的海草房坡屋面主屋及侧边和南侧的厢房。设计拆除了东侧房屋的侧面厢房，将入口设在这一侧，靠近右侧的公共空间保留了原来庭院的围合感，功能上将公共区设在南侧厢房，北屋作为两个卧室。

▲ 一号院

▲ 石头院墙

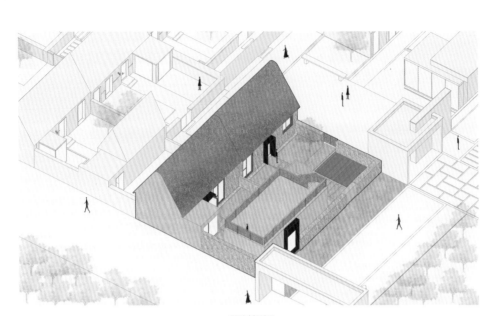

一号院轴测图

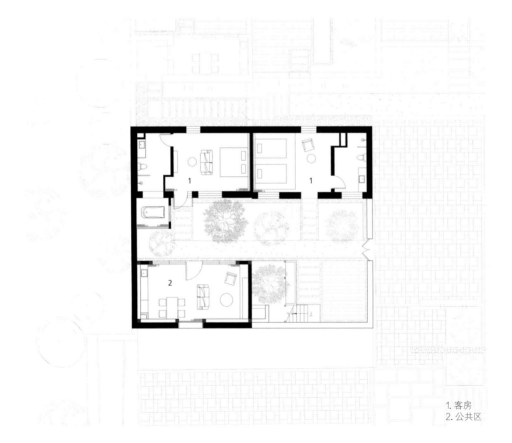

1. 客房
2. 公共区

一号院平面图

七号院为两个院落整合而成，左侧为公共建筑茶室。设计将部分院前道路扩大，与茶室门前形成统一的开放区，增加空间层次。北侧为两间卧室，东侧为新建的公共区。

▲ 七号院

▲ 七号院入口

七号院轴测图

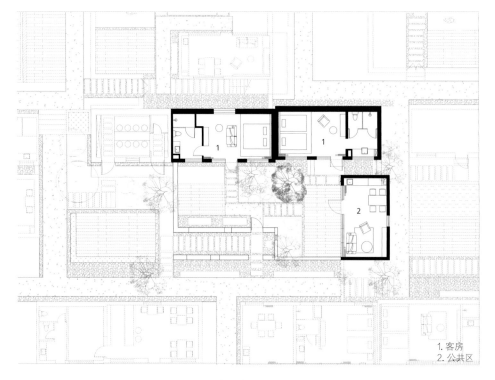

1. 客房
2. 公共区

七号院平面图

　　四号院位于第二排最西侧，设计上将原有院子前面的道路划入庭院本身，作为入户前的景观道路；流线上经过景观道路先进入南侧的公共空间，经由公共空间进入内院再到达北侧的卧室。

▲ 四号院入口

▲ 十一号院

　　十一号院位于中段，设计将原门前道路收进院落，将道路中断，打破原来的通长格局。通过一段浅灰色石板路入门，入门后一条路经过踏步上至平屋面屋顶，另一条路经过两次转折和踏步到达室内，消化场地内高差。设计通过路径的规划和转折关系，延续并加深了传统民居的行走体验。

设计公司名录

B.L.U.E. 建筑设计事务所（P.050，P.188）
地址：北京市朝阳区建国路郎家园 6 号院郎园 Vintage9 号楼 208/209 室
电话：15202239381
邮箱：info@b-l-u-e.net

line+ 建筑事务所（P.062，P.198）
地址：浙江省杭州市教工路 198 号
电话：0571-81020070
邮箱：pr@lineplus.studio

llLab.|叙向建筑设计（P.176）
地址：上海市徐汇区高安路 101 号 B1
电话：13813960504
邮箱：lllabmedia@qq.com

杭州时上建筑空间设计事务所（P.080，P.090）
地址：浙江省杭州市奥体博奥路深蓝国际 1-1111 室
电话：0571-85216267
邮箱：atdesignhz@163.com

灰空间建筑事务所（P.214）
地址：上海市杨浦区四平路 1388 号 C 座 505
电话：021-55272756
邮箱：info@igrey.cn

三文建筑（P.028，P.118，P.126，P.136，P.144，P.154）
地址：北京市朝阳区望京街道金隅国际 A 座 12b 层 02 室
电话：18611218007
邮箱：contact_3andwich@126.com

尌林建筑设计事务所（P.036，P.104）
地址：浙江省杭州市转塘镇融科瑷骊山
电话：13588184269
邮箱：shulin_official@163.com

浙江大学建筑设计研究院（P.164）
地址：浙江省杭州市西湖区天目山路 148 号浙大西溪校区东一楼
电话：17826855699
邮箱：uadstudio@163.com